U0294591

城市更新行动理论与实践系列丛书
住房和城乡建设领域"十四五"热点培训教材

丛 书 主 编◎杨保军
丛书副主编◎张　锋　彭礼孝

城市更新与城市美学

曾 辉　夏 磊　王 天◎编著

Urban Renewal and Urban Aesthetics

中国建筑工业出版社

图书在版编目（CIP）数据

城市更新与城市美学 = Urban Renewal and Urban Aesthetics / 曾辉，夏磊，王天编著 . —北京：中国建筑工业出版社，2024.7. —（城市更新行动理论与实践系列丛书 / 杨保军主编）（住房和城乡建设领域“十四五”热点培训教材）. —ISBN 978-7-112-30034-1

Ⅰ. TU984

中国国家版本馆 CIP 数据核字第 20241RL953 号

策　　划：张　锋　高延伟
责任编辑：柏铭泽　陈　桦
责任校对：张　颖

城市更新行动理论与实践系列丛书
住房和城乡建设领域“十四五”热点培训教材
丛 书 主 编　杨保军
丛书副主编　张　锋　彭礼孝

城市更新与城市美学
Urban Renewal and Urban Aesthetics
曾 辉　夏 磊　王 天　编著

*

中国建筑工业出版社出版、发行（北京海淀三里河路 9 号）
各地新华书店、建筑书店经销
北京海视强森文化传媒有限公司制版
天津裕同印刷有限公司印刷

*

开本：787 毫米 × 1092 毫米　1/16　印张：$14^1/_4$　字数：240 千字
2024 年 8 月第一版　　2024 年 8 月第一次印刷
定价：**119.00** 元
ISBN 978-7-112-30034-1
（42882）

版权所有　翻印必究
如有内容及印装质量问题，请联系本社读者服务中心退换
电话：（010）58337283　QQ：2885381756
（地址：北京海淀三里河路 9 号中国建筑工业出版社 604 室　邮政编码：100037）

丛书编审委员会

编审委员会主任：杨保军

编审委员会副主任：张　锋　汪　科　彭礼孝

编审委员会委员：（按照姓氏笔画排序）

王希希　邓　东　田子超　付　蓉

刘　悦　李　琳　李昕阳　沈　磊

宋　昆　张　杰　张宇星　陈　桦

范嗣斌　赵燕菁　柳　青　夏　磊

高　帅　高延伟　章　明　韩　晶

曾　辉

编写指导单位：住房和城乡建设部建筑节能与科技司

组织编写单位：中国建筑出版传媒有限公司

都市更新（北京）控股集团有限公司

本书编写组

组　　长：曾　辉　夏　磊　王　天

组　　员：张思思　段　斌　宋唯宁　王　霞　李　薇
　　　　　蒋峥嵘　郑　爽　杨斯洁　徐　欣　贾秋辰
　　　　　刘　岳　刘晨阳　李　凝　陈　卓　杨文军

顾　　问：王　睿　汤　涤　林先成　华　杉　杨烨炘

参编单位

北京清美道合规划设计院有限公司

北京文丘园艺景观设计有限公司

北京普元文化艺术有限公司

地贝（北京）建筑科技有限公司

丛书序言

党的二十大报告提出，“实施城市更新行动，加强城市基础设施建设，打造宜居、韧性、智慧城市” 。城市更新行动已上升为国家战略，成为推动城市高质量发展的重要抓手。这既是一项解决老百姓急难愁盼问题的民生工程，也是一项稳增长、调结构、推改革的发展工程。自国家“十四五”规划纲要提出实施城市更新行动以来，各地政府部门积极地推进城市更新政策制定、底线的管控、试点的示范宣传培训等工作。各地地方政府响应城市更新号召的同时，也在实施的过程中遇到很多痛点和盲点，亟需学习最新的理念与经验。

城市更新行动是将城市作为一个有机生命体，以城市整体作为行动对象，以新发展理念为引领，以城市体检评估为基础，以统筹城市规划建设管理为路径，顺应城市发展规律，稳增长、调结构、推改革，来推动城市高质量发展这样一项综合性、系统性的战略行动。我们的城市开发建设，从过去粗放型外延式发展要转向集约型内涵式的发展；从过去注重规模速度，以新建增量为主，转向质量效益、存量提质改造和增量结构调整并重；从政府主导房地产开发为主体，转向政府企业居民一起共建共享共治的体制机制，从源头上促进经济社会发展的转变。

在具体的实践中，我们也不难看到，目前的城市更新还存在多种问题，从理论走进实践仍然面临很大的挑战，亟需系统的理论指导与实践示范。《城市更新行动理论与实践系列丛书》围绕实施城市更新行动战略，聚焦当下城市更新行动的热点、重点、难点，以国内外城市更新的成功项目为核心内容，阐述城市更新的策略、实施操作路径、创新的更新模式，注重政策机制、学术思想和实操路径三个方面。既收录解读示范案例，也衔接实践，探索解决方案，涵盖城市更新全周期全要素。希望本套丛书基于国家战略和中央决策部署的指导性，探索学术前沿性，同时也可助力城市更新的实践具有可借鉴性，成为一套系统、权威、前沿并具有实践指导意义的丛书。

本书读者，也将是中国城市更新行动的重要参与者和实践者，希望大家基于本套丛书，共建共享，在中国新时代高质量发展的背景下，共同探索城市更新的新方法、新路径、新实践。

杨保军

自序

伴随着世界范围内城市化进程的加速发展，针对城市美学领域的理论研究与实践探索越发广泛和成熟。在我国“实施城市更新行动”战略的推进过程中，以“城市美学”为核心的概念与内涵、理论与体系、实施与操作方法的研究是极其必要与迫切的。基于此背景，本书围绕“城市美学与城市美学更新”的源起、背景、原则和实施途径，以科学的、可操作的城市案例为切入点，剖析和总结具有实践指导意义的方法，旨在为当下及未来政府决策、城市管理、城市设计与运营等主体提供有效参考。

认知城市的背景、瞩目城市的地标、体验城市的文脉都是发现并塑造城市之美的重要路径。第 1 章的核心内容是城市美学的意义，从城市美学的源起和发展、必要性和延续性等方面来多维度阐释城市美学的概念内涵与深层次的精神内涵。“城市美学更新是城市更新行动的重要组成部分”是第 2 章的中心议题。文章用一个个真实生动的案例深入浅出地诠释着城市美学更新的四大要素——背景、路径、场景和传播，为城市美学更新建立学科、学术的研究奠定了坚实的基础。

第 3 章通过介绍城市品牌和城市色彩两大要素，从软实力方面剖析了美学更新的先决条件与首要任务。第 4 章为探讨打造城市美学更新肌体的实施操作路径的六大板块——重构建筑立面、活化广告招牌、构建环境景观、营造公共艺术、串联城市家具、统筹夜景照明。以“更新问题、更新原则和更新案例”的逐层递进式结构对每个板块进行详细展开。最后第 5 章收录了较为完整和典型的四组案例，进行整体分析和总结，从城市美学更新的角度展望未来。

本书拟以“理念 + 方法 + 操作 + 案例 + 总结”的思路，积极探索艺术赋能城市更新的路径与方法，阐释如何塑造特色化、在地化的城市美学，提升城市居民和游客的获得感、幸福感与满足感。

目录

第 1 章

城市美学的发展历程

1.1 城市美学的概念阐述

1.1.1 “美学”的源起

美学（英文“Aesthetics”）一词最早来源于希腊语“Aesthesis”，初始释义为“对感官的感受”，我们不妨理解其为某种可以被感知的体验。从哲学的层面来说，美学作为一种评判标准，属于意识的产物。“美学”在历史舞台的登临标志是“美学之父”——鲍姆嘉登于1735年在论文《诗的哲学默想录》中首次提出将“美学（感性学）”建立为一个独立的学科。自古希腊以来，诸多西方学者关于“美”的探讨不胜枚举，却始终无法用一段文字、一幅图像或者一串数据对其准确定义。究其原因，“美”本身是人的一种主观感受，具体呈现形式随地域、气候、文化、风俗等主客观条件的变化而发生改变。换言之，“美”是一个持续变化的抽象表述，但可以被演绎为多种具象的行为、景象或思考，故而没有一套精准、缜密的评判标准与论证逻辑。

美学作为一门以感性为主导，哲学和文艺学等多学科交叉的思辨学科，研究对象是所有关乎于审美的行为活动，不仅包括正向的、积极的事物，也包括那些与“美好”相距甚远的界定词语，指的是我们对事物印象和评价的一个完整区间。优美、凄美、神圣、荒诞……都是我们常用的去描述美、界定美的观点，在包容的美学知识谱系下，赞扬、批评、思考、疑问都可以归结为艺术鉴赏的美学观点。

由于哲学、文化和宗教背景的差异，美学之于中国，并没有如西方一般被赋予专业学科属性进行探讨，在思想、文化和政治等方面差异引导下，中式美学特色的研究成果日渐丰硕。东方美学与西方美学，既有交叉又独立发展。西方的美学关注重点更多地建立在对理性思维的抽象加工，对比之下，中式的美学体系则更关注感性思维的意境营造。“意境”的理念在中国传统美学体系中源远流长，最早出现于三国两晋南北朝时期的文学创作领域，以“意向”和“境界”等类似词语指代，后逐渐延伸至绘画、书法、雕刻、园林等各个艺术创作领域。诗词、画作、书法、石雕等各种艺术意象都是中华美学精神的表征，自然美、生活美、人文美可作为美学在不同领域的映射面。三者相辅相成，融会贯通，共同架构起现代城市发展的美学体系。

自然美是城市美学的基础。城市赖以生存的自然环境从来不缺少美，只是缺少发现美的眼睛。生态文明时代，党中央提倡要以自然为本，“让居民望得见山，看得见水，记得住乡愁”。[①] 瑞士以优美的自然环境著称，巍峨的冰川脚下点缀着碧绿的小镇，纯净的湖泊打底，共同勾勒出一幅巧夺天工的和谐画卷。房屋建筑不仅没有破坏原本的自然环境，群山环绕中还为其增添了层次感和错落感，居住在被群山环抱的小镇里，抬头可见白茫茫的雪山，低头便能拥抱暖暖的温泉，可谓山水城相得益彰，自然的美学被发挥到了极致。反观国内的滨水天际线，许多城市的开发迫于经济效益的驱使下，一味地追求体量与密度，千篇一律的高层楼盘突兀地伫立在河湖沿线，造成建筑色彩与自然环境相互割裂的违和景观，自然本身的层次感与和谐感在超高体量的高楼大厦中消失殆尽。没有低矮的住宅楼与高耸的商用楼形成过渡，原本和缓舒适的自然天际线被人工建筑强行闯入后，又何谈“意境之美”？

让自然融入城市，城市回归自然应该是我们生活的城市未来发展的方向，未来的城市更新也需要自然美为导向，积极探索挖掘自然资源的原生美，把握适度开发原则，引领城市的有机更新。自然环境作为铺陈城市美学基调的基础，自然美能直接提升生活的幸福指数与美誉度。

巴黎之所以被称为“伟大的城市”，其前沿准确的规划思路、深沉厚重的人文积淀、宏伟新奇的建筑风格、规则整齐的城市街貌、务实亲人的公共设施、丰富多元的步行体验等都功不可没。巴黎作为城市，其整体性贯穿每个时期，房产开发商和建筑师有始有终地协作，保证各个功能分区外观统一，并且保证每一片新的地区（而非仅仅单独的房屋）整体都能作为一道和谐的建筑景观。

生活美是城市美学的特色。让艺术生活化，让生活艺术化。生活不以任意个体的意志为转移，生活本身散发着多元丰富的美学姿态。一座城市的发展遵循自然、遵循人文即可，无须为了迎合时下潮流的风向，政策的优待等客观因素，改变其本身的性格调性。苏州的街巷里，艺术家通过彩绘的形式激活传统老街巷的公共艺术活力；居民自发在阳台种植花草，打造网红“花植街巷”的做法等，都是多种社会群体的力量助推城市美学更新的体现。

各种主题的大地艺术节就是借由艺术家的手和眼向公众传播自然美的重

---

① 彭俊．人民日报民生观：好一句“记得住乡愁”[OL]. 人民网，2013-12-16.

要途径，其宗旨都是体现对自然的尊重，强调人与白然、城市与自然的和谐共生。1968 年，美国纽约的杜旺画廊举办了世界首次“在地作品艺术展”。中国的大地艺术则最早出现于 20 世纪 90 年代初，艺术家们以我国深厚的传统文化和哲学渊源为底，创作出一系列具有东方美学特色的大地艺术作品。

人文美是城市美学的本质。人是主导城市的发展核心要素，围绕人文生成的美学是城市美学中最基础、最广泛也是最深厚的底色。城市的核心是人，城市要坚持以人民为中心去建设和发展。过去我们认为城市的核心理应是基础设施、道路、高楼大厦等。诚然这些元素构成了城市的整体框架和物质空间载体，但是城市真正的核心如果脱离了人，那么这座城市不能称为“一座真正的城市”。所以当我们谈到人的时候，不仅仅是数量概念，应该将其视为，有血有肉有情感有需求的人，那才能是真正的“以人为本”。

区别于自然美，人文美泛指城市发展进程中的先进价值观、道德习惯、社会规范等，是一种抽象意义的美丑标准，是客观事物与主观思维的共鸣。但自然美与人文美有交集又有区别，例如，园林和建筑凝聚了人文的智慧和生活美学，属于人文美的范畴。但与此同时，园林中的山水草木等自然元素，在其中恰到好处，给人以美的感受，这便属于自然美的范畴。

中国的美学是由西方美学的学科建构、艺术流派、哲学影响和中国自身政治体制有机结合的成果，国内的美学研究存在着一个引进、传播、发展及创新的过程。伴随着自然环境的和谐、礼制文化的依循和世俗生活的变迁，艺术领域的专业化分工也逐渐精细，诸多门类的古典审美形态日益鲜活而饱满。不同朝代对美学分支发展的侧重点各不相同，“虚与实”“隐与显”“气象与意象”“情与景”等辩证统一关系的探讨都是推动中国美学发展的关键推力。

与城市发展联系最为密切的美学分支学科当属环境美学，它意味着美学研究的重心正从艺术转向自然，同时它作为上位理论对建筑学、城乡规划、公共艺术等专业具备理论指导意义。环境美学的基本问题即探索人与自然的关系，所以环境美学谱系的构建是围绕自然环境与人的生活轨迹为动向线索铺展开的。这里的“环境”，广义上按照从属属性可分为“公共环境”和“私有环境”；按照空间流通程度，可分为“室内环境”和“室外环境”。“环境美学”即用来代指城市环境中的公共空间中的美学秩序的构建。

环境美学的基本问题是人与自然的关系，核心是围绕“居住”展开的生活场景的美的探索与构建。因此在公共环境设计中，以人为本的理念是始终不变的。我们要将人的生活轨迹与环境的美学建设相结合，在国际化的发展潮流中深耕民族文化，在多元化的发展方向中凸显地域特色。

1.1.2　“城市美学”的发展

放眼世界，中国古代的营城理念也可称为领先的存在，其中《周礼 · 考工计》和《营造法式》作为代表作，其中“天人合一”“对称之美”“中和之美”等营城理念深刻地影响着古代及后世城市规划与发展。其中《周礼 · 考工计》中关于都城的基本格局规划思想——“方九里，旁三门”“经涂九轨，九经九纬”“左祖右社，面朝后市”等一系列理念影响深远。清晰明了的街坊划分和街道布局映射的是“礼”的秩序塑造即象征着美学营造，在当时的社会文明中发挥着约束和引导民众，维护社会稳定的关键作用。

《营造法式》可以看作是中国古代木构建筑的汇总。书中将不同类型的建筑规范、用工限制、材料和图样等形成一套完整的标准规范，后世的工匠按照书中记载的版型，可以建造出和古人如出一辙的房屋、凉亭、寺庙等，甚至其中的门窗和台阶也能一一复刻。“构屋之制，以材为祖”，“材”是一个标准尺寸单位，相当于“模数”的概念，至此我们可以推断出模数制度在宋朝得到了繁荣发展。唐长安皇宫，北京故宫 3 倍之大，只需 10 月建成；唐太宗赏赐给魏征（徵）的小殿，从皇宫搬到魏征府邸到盖成，仅用 5 天时间等这些实例皆因建筑的模数制式标准化的广泛推行。

我国古代营城理念映射下的城市美学标准影响深远，随着各个城市地形地貌、气候差异、人文风俗等多重因素的影响逐渐形成了现代环境美学的标准。环境可以按一定的逻辑被定义和分类，环境美学并没有按人们的活动地域或聚集程度分为“乡村美学”或“城市美学”，但随着城市形态发展的逐渐标准化和城市建设模式中人工的高比例参与度，我们开始把城市作为一个整体景观来感知。各种空间的组织交叠、体量轮廓、交通网络、色彩温度等，我们需要以美学的法则标准来规范和指导城市空间的建设。较之乡村的自然美而言，城市的美彰显了一种现代文明之美，理性、统一、和谐等都是现代城市美的体现，因此城市美学也逐渐成为环境应用美学研究领域的重要分支。

城市美学正在逐渐走向日常生活和应用实践。伴随着人们知识体系的不断完善，思想架构的日益立体，人们对美学秩序的关注逐渐从艺术博物馆、展览等狭窄视角转向开阔的公共空间维度，城市居民对美的态度经历了“不理解——不反对——接受——关注”的逐渐升温的过程。

1954 年，悉尼 · H. 威廉姆斯（Sydney H. Williams）发表论文“*Urban Aesthetics: An Approach to the Study of the Aesthetic Characteristics of Cities*”，明确提出了“城市美学”的概念。20 世纪 80 年代以来，城市美学相关领域的研究也逐渐兴起，1986 年，美国学者阿诺德 · 伯林恩特（Arnold Berleant）发表了《培植一种城市美学》一文，自此，城市作为研究对象，在美学领域得到了空前发展。国内宋启林的《城市空间 · 意境——城市美学初探》（1986），黄孝春、许红的《人 · 都市 · 美——城市美学漫谈》（1987）等论著纷纷涉及“城市美学”的理念。

城市美学并非单一属性的专有名词，而是多层次社会属性的艺术映射。它涵盖了城市形象架构的规划（建筑、景观等）、城市文明积淀的细化（区域功能划分、行政管理体系等）、城市可持续发展的规律（社会制度、资源分配等）和人文生态环境的和谐发展等。

通过美学，我们可以探索人与自然和谐、城乡共生互动的城市化模式。城市的核心是人，美学之于城市也是以人的审美对城市在视觉层面设定的一种抽象的评判标准。城市美学的研究对象包括两部分，自然环境和由人们感性创造出的所有城市景观和构筑物。建筑、道路、桥梁、各类公共设施等都属于城市美学统筹的范畴。根植于这些城市公共空间的构成要素，环境美学被逐渐细分为建筑美学、景观美学、街巷美学等各个更为细致的研究领域和学科建设，同时其又与心理学、语言学、神学等有着紧密联系（图 1-1）。

图 1-1 城市公共空间的美学

城市的美学分为两个阶段，第一个阶段是城市空间环境的秩序分明、干净整洁、各类设施完备的基础阶段，第二个阶段是城市空间品质的较高视觉审美和浓烈艺术感知的高级阶段。比如北京的更新，注重历史文化名城保护和特色风貌塑造，强化疏解整治的渐进式、可持续更新。上海则更侧重于通过更新功能复合的各类设施与公共空间的体验升级全面激活老旧街区的活力，并积极植入以人为本的创新创意活动，致力于区域的精细化更新。

城市美学的肌体是需要被感知的，我们身体的各个感官都是传感器。即我们所说的“五感”——形、声、闻、味、触，与之对应的分别为“视觉、听觉、嗅觉、味觉、触觉”。“视觉”是涵盖范围最广、内容最为丰富的一个层次；“听觉”则是通过城市声音编织城市生活秩序的重要频道；“味觉”是串联市井烟火和城市文明的重要程式；“嗅觉”和“触觉”是人们置身城市环境中对温度和细节的感受。所有这些感受共同构成了城市美学的宇宙空间。

城市是服务大众的载体，以功能性为主，视觉观赏性为辅。城市美学的内核也不会只局限于视觉形式，势必要考虑到是否“以人为本”、是否让城市更加宜居宜业，让环境更加美丽和谐。城市空间的整体结构、轮廓色彩、自然山水、市井街巷、城市建筑和绿地景观等这些城市主要空间要素都有各自的美学秩序，共同形成整座城市宏大的视觉谱系。

例如城市的市井街巷自古以来一直是传统城市居民公共生活的重要场所，孕育着市井活力和世俗文化的细节。我国传统街巷按照道路的重要性、两侧建筑的尺度，以及通行量的大小又分为不同的等级，主要街道、次要街道、背街小巷等不同层级的道路共同编织着整个片区的地面肌理。人声鼎沸和幽静安然相得益彰，构成了我国传统文化下城市市井街巷的美学画卷（图 1-2）。

图 1-2　城市市井街巷的美学画卷

图 1-3 广场公共艺术

对城市美学的关注旨在提升生活品质，将生活美学引入城市，目标不仅是在城市中营造视觉体系，而且最终是把城市打造成高品质的全域宜居环境，将城市中的人居环境升级为人居环境中的城市，实现人与自然、人与生活的和谐。如今，城市美学与公共空间的艺术品质已成为彰显一座城市品牌和形象的重要指标。通过城市美学的引导和约束，我们生活的城市空间能够以色彩彰显活力，以艺术传递人文，各有特色，百花齐放（图 1-3）。

城市，这个由砖瓦混凝土构建出来的硬体化庞然大物，其内部空间都是文化的容器和自然美学的载体。因为城市是人工的产物，各种构筑物，如建筑、道路、桥梁等城市的构成要素都是人类创造并植入进去的，孕育出的城市文明也和我们的生活方式息息相关。因此，我们向往的未来城市首先应该是建立在某种生活美学导向基础上的文化城市，也只有符合这个路径的城市才具备真正的生命力，传续成百上千年。

1.2 城市美学的精神内涵

城市与人共生，因人的聚集而更有生命力。对城市提出的城市美学更新要求，同时也是对在城市空间中居住生活的人的意识更新。美育的熏陶培养是一个潜移默化的过程，当我们的城市空间处处充满美，人们的审美认知也会提升，对美的思辨能力也会越发升级。所以城市空间美学体系的构建对人的自身知识体系的建构也是多有益处的。我们需要调整接受新事物、新规则的生活态度，才能随时跟上城市的更新步伐，才能更好地融入城市，享受城市更新的成果。

1.2.1　城市美学的必要性

英国城市规划学专家弗里德里克 · 吉伯德 （Fredderik Gibbered）曾说过“城市中的美是一种需要，人不可能在长期生活中没有美。环境的秩序和美犹如新鲜空气对人的健康同样重要”。一座理想城市的构建核心，实际上是要构建一种人与城市、人与自然、人与生活所形成的文化脉络，而这个文化脉络体系终极的目标就是建立城市美学体系。“城市美学”的概念，被延展为在城市更新设计与社会创新设计的语境下，以“一切为创造美好生活”为价值导向，积极探索人与物、人与环境、人与人之间的和谐关系，构建美学视角下的城市规划、建设、运营等体系的一个广义概念。

城市美学是人类对自己生存条件和生活方式的有益探索。纵观我们生活的空间，不仅仅是老旧城区需要更新，很多新城也需要城市美学更新，使其生态、文化、美学等方面更加符合人们的生活需求。我们要在既有城市删繁就简，摒除过时的、无用的、破败的空间形态，植入新的文化活力、新的生活美学、新的空间架构，让这些城市变得更加合理，更加宜居，吸引更多的人来工作和生活。我们希望城市里的所有区位都能形成一个美好舒适的生活圈。在这样一个生活圈里，人们可以娱乐、游玩，可以去参观美术馆、博物馆，可以听听音乐会，可以去感受一切跟美好生活相关的文化内容（图 1-4）。

城市美学关注的重点是在“生态、生活、生产”的“三生空间”中，探寻具有实践指导意义的城市更新发展新路径，并通过这些方向的探索和实践，让人们在城市空间里生活和工作的方式和状态，更契合城市美学更新的可持续发

图 1-4　市民生活写照：多元的招牌

展方向，创造更多善意的社会创新。因为“人与生态、人与生产、人与生活”三生融合是未来城市美学的一个基本模型，相对应的“生态价值”“生产价值”和“生活价值”也成为美学系统必要性的重要论证。

1. 生态价值

城市是在自然环境中生长出来的，自然的山水地势是其形成并发展的基础，也是城市美学体系被建构的前提。城市是人和自然的纽带，在古代，水运是大宗商品物资运输的重要交通体系，人与城市的故事是发生在山水之间的。因此，生态基础也成为评判一座城市能否发展成为一座有文明高度、有生活美学的城市的重要前提。城市美学秩序的构建一方面有利于生态环境的保护和发展，另一方面更有益于自然资源在人文社会中价值的最大化（图 1–5、图 1–6）。

在城市的文化体系中，人和自然的关系如何更好地得以建构，需要因地制宜、因地取材、因材施策的构筑模式。之所以在中国北方的城市喜用夯土，土地较平坦厚实，通过构建一座座建筑形成街道的肌理，是因为北方较干冷，故多建比较厚实保暖的土构建筑，并形成了端正肃穆的建筑风格。而中国南方较湿热，土地多低洼盆地丘陵，故多建注重排水通风的木构建筑，因重视发展商业文化，形成了华丽纤美的建筑形态。

2. 生产价值

城市美学是建立在人和产业之间形成的一种社会关系。生产的概念本质是人的生计，所谓的生计就是民生之本。如果没有生计，人是无法存活下去的，人类文明无法延续，城市形态也不可能持续发展。因为人流的聚集，使得分工细化，城市空间逐渐形成一个协作体、生产的联合体、生活的共同体。当下“生产”不局限于工业化生产，也包括文化生产和衣食住行的各个领域服务生产等。一座城市的产业结构对这个城市发展起主导作用，因此现在很多城市在谈及城

图 1–5　上海市幸福里被植物包围的建筑立面（左图）

图 1–6　北京市石景山公园宠物设施景观区（右图）

市更新时，产业结构的优化升级往往是居于首位的。

任何城市的产业结构都不是单一的，尽管可能存在某一种或几种主产业体系，但整体也一定是多样化的产业模型，同时也是一个能够满足生活和生产所需的自循环体。就产业里的商业体系来讲，一座城市商业越发达，生活水平越高，其生活美学发展得也越成熟。因为商业存在的意义就是将生产出来的产品通过产业业态的合理布局，送达人们生活所需的各个层面。

以广州纺织机械厂为例，始建于 1956 年 3 月，经历了广交会[①]的繁荣又落败，可谓见证了广州的繁荣。因其被规划在广州珠江新城新的中轴线上，所以最初打算对其进行拆除重建处理，后由于多重调研考证，将其作为遗产保护更新的试点，由政府引导，企业自主改造，摇身一变成为一个创意产业园。用地性质不变、产权主体不变，只转变功能和定位，很快便吸引了 100 多家科技型企业和互联网企业的入驻。低头看到的就是旧时的厂房和机器，抬头就是广州塔“小蛮腰”，一个代表工业时代、一个代表信息时代的，两种文化的冲击让这个历史片区重新焕发出了生产价值，老厂房被激发出新生机。园区经过美学改造，由改造前的连年亏损到租金收入由开园前期的 60 多元每平方米上升到 300 多元每平方米。园区的年产值约 210 亿元，税收约 18 亿元，就业人数由改造前的 1400 多人增加至 4000 多人，实现了经济成效大幅增加，龙头企业效应显著，产业转型升级效益提升。

以榆林古城为例，城市更新不只是将整个古城区域像保护一个文物一样去小心翼翼地采取措施进行维护，实际上是借此契机，重新整合城市的产业布局，重新定位发展以“古城”为文化轴心的文化旅游产业（图 1-7）。因为发展以文化旅游产业为核心的服务型产业模型才是榆林未来可持续发展的长效机制和更新策略。依托文化旅游产业建立的城市发展模型，需要给予这种新的产业支柱所带来的城市更新规划建设一种坚定且正确的价值导向，使其能够在榆林这样的古城建立起量身定制的美学体系，进而推动整个榆林城市，甚至影响并指导其周边 12 个区县的发展。

3. 生活价值

现代城市是在以人们的生活轨迹和需求为导向的基础上逐步发展起来的，

① 中国进出口商品交易会。

图 1-7 西安榆林古城更新提升后街区界面
（图片来源：由都市更新（北京）控股集团有限公司，提供）

城市文化便是时下人们生活方式映射的产物。城市美学的生活价值主要体现在为人们所憧憬的美好生活添砖加瓦，拉近人们与理想生活的距离，尽可能地提供生活便利，为切实做到“宜居”的标准而不断进步与完善。

我们生活在一个个以家为核心的服务圈里，行走半径通常不超过 15min 的范围，我们称为“便民服务圈”。它们在城市空间中呈现为多业态聚集，形成一个个社区商圈。便民服务圈可看作是一个微型商业系统，随着便利化、标准化和智慧化服务水平的逐渐提高，其日益成为疏通经济“毛细血管”微循环、服务保障民生及提升就业率的重要载体。生活与生产之间所形成的这种稳定有序的关系，是城市美学能够萌芽并持续发酵的先决条件之一。

城市的老旧街区、社区和公共空间，在不断更新中变得更加美好、更加舒适、更加贴合这座城市。城市更新不仅局限于物理空间的翻新和基础设施的完善，更关系到城市精神文化氛围、生活美学格调的塑造。如何解决城市病问题，帮助城市朝向善意、良性、友好、安全的方向去发展。从这个意义上讲，城市美学对于城市更新而言，是从生活美学层面上运用建筑文化和设计思维形成的城市更新解决方案（图 1-8、图 1-9）。

1.2.2 城市美学的延续性

城市的美学谱系应该是根据自身自然资源、历史背景、文化积淀等因素共商决定的，如此纵横交错、并存不悖的有机系统才能推动着社会有机地向前发展、不断进化，也因此没有任何一座城市的美学营造模板可完全复制。因此我们要打造切合自身的城市美学体系，在城市建设中延续历史文脉，塑造能展示城市时代的特色风貌。

图 1–8　北京 The Box 建筑顶层篮球场

图 1–9　北京 The Box 建筑地面层滑板公园

城市美学的思想为城市更新、乡村振兴、文旅融合、商业价值与民生品质等问题提供共赢的创新解决方案。它强调向美而行的创意设计与一切相关产业与文化领域的深度融合，在城市的现代化进程中，传统文化复兴和现代生活美学的融合也成为其中一条路径。

1. 城市美学激活街区界面活力

美好街区的营造需要城市美学的统筹指导。街道是人们感受城市形象最直观、最深度、最广泛的空间单元。建筑立面的风格、户外广告的排布、地铺图案的设计、店铺招牌的特色等共同构造了当地居民生活的生活画卷，行走其中，便能感受到蕴含其中的生活美学。通过深度调研和分析各街区的特征，对街区内的空间布局、市政设施和既有资源进行统筹梳理，能有助于调整街道的美学，提升人民生活环境的品质感和幸福感。

北京市朝阳区望京小街在被改造前是一条道路狭窄、杂乱不堪的背街小巷，如今通过城市美学秩序的重新整合，时尚市集、街区展览、艺术连廊等不同功能版块有机地空间拼接和缝合，艺术装置、LED 显示屏、夜景灯光等多重元素被依次植入，整个街区的视觉效果和艺术气息实现提档升级，这里摇身一变成为年轻时尚的商业文化街区和国际人才社区。小街还持续举办各类特色艺术和文化的主题活动，定期投放不同类型的艺术展览，做到了“月月有主题，周周有活动”，为城市街区的城市美学更新线上引流，实现了持续发酵（图 1–10 ~图 1–12）。

图 1-10　北京朝阳区望京小街提升后的街区界面（上图）

图 1-11　北京朝阳区望京小街提升后的公共艺术展示（中图）

图 1-12　北京朝阳区望京小街提升后的智能垃圾桶和导视牌（下图）

为了提升小街精细化管理水平，打造特色商业街区，树立国际人才社区典范，经多方共商共议，《望京小街文明公约》被刻印在步行街入口处精神堡垒上，供市民阅读传诵，相互监督。公约涵盖了小街上常见的各类场景，通俗易懂，对商家、市民、游客等不同群体共同起到了约束和规范作用。具体内容为以下十条：

小经营有大诚信，宾至如归，货真价实。
小门店有大格调，精致体验，和美营商。
小改造有大影响，降尘降噪，规范施工。
小衣着有大讲究，斯文得体，礼貌待人。
小节约有大贡献，光盘行动，杜绝浪费。
小垃圾有大危害，分类入桶，资源循环。
小单车有大秩序，绿色骑行，有序停放。
小外卖有大规矩，礼让为先，安心配送。
小宠物有大责任，文明遛宠，爱护环境。
小公约有大情怀，共商共议，共同遵守。

上海市静安区临汾路对街道的美学探索同样可圈可点。首先，针对绿化陈旧的问题，通过花箱、墙面绿化、地面花坛等多种形式美化环境；在绿植的选种上，从单一的绿叶植物向多彩的花种植物调整。特别是在重要区域，绿化带的增设使行人在漫步街道时心旷神怡，用“色彩”提升“活力”。其次，在“人文气息”的表达上，理念为用“书香”传递“人文”。在有合适空间的路口打造花园式阅读小广场，通过设置红色的“社区阅读亭”，倡导“独阅乐不如众阅乐”的图书漂流理念。此举不仅使其成为网红打卡地，更点燃了群众争相捐赠书籍的热情。再次，用“精致”点亮居民生活。一方面，配合街区特点调整灯光光源、色温、强度等的设置，针对沿街商铺统一实施“亮灯”工程，而在“口袋花园”内则配合景观增设了景观灯和造型各异的墙灯。另一方面，根据居民需求，街道合理增设功能区域，如在岭南路增设“慢跑道”，为居民的健康生活开辟了新赛道。

2. 城市美学提升公共空间利用率

城市发展方式正由规模速度导向型向质量效率导向型逐渐过渡，在有限的土地资源前提下，城市空间的利用效率是与城市发展质量和城市经济所处阶段呈正相关的。城市发展程度越高，空间利用效率越高，城市美学的标准越高，人们生活便利指数越高，在这座城市中的幸福感体验也越高，反之亦然。城市

图 1-13　西安高新区桥下空间改造前（左图）

图 1-14　西安高新区桥下空间改造方案（右图）

作为经济发展与社会进步的主要空间载体，如何合理利用有限的空间资源是城市经济实力提质增效的重要途径。

当下阶段城市空间利用开发趋于饱和，城市美学也随之发展到较高程度，城市公共空间中的“灰色地带”，也称为“消极空间”（桥下空间、边角空间、路侧不规则绿地等）逐渐成为未来公共空间提升的重点，公共空间的连续性和全面性亟待完善。从美学的视角进行优化提升，能够推动这类空间积极融入城市空间整体架构的微空间再开发，拓展空间资源的利用率，全面提升城市的细节和品质。

西安市高新区将立交桥下空间整合再利用，通过增设有设计感的弧形休憩设施，给市民提供了一个遮阳避雨的好去处，简单的整改体现了政府事事为民的心意（图 1-13、图 1-14）。上海市徐汇区为了治理路边乱停车的现象，将多个高架桥下空间改造为停车场，缓解了周边高峰车流问题和道路两侧乱停车问题，通过绿化种植和后续精细化的管理，激活了原本弃置的空间，解决了人民群众关注的“停车难”问题，还美化了街容道貌，城市形象得到了极大的提升。

3. 城市美学传承城市文化特色

“一个城市的历史遗迹、文化古迹、人文底蕴，是城市生命的一部分”。历史文化总是以各种方式被刻印在各个城市的肌体与风貌中，积淀为一段专属的记忆或特定的标识符号。北京的胡同、上海的弄堂、广州的骑楼、武汉的里份等都是被传承下来的宝贵的美学符号。这些符号承载着一代又一代居民生活的痕迹和故事，其中蕴含着一种真实的朴素之美，是历经时间洗礼的美。

与之相对的，当下社会也有专属于这个时代的美学节奏和美学取向，能够真实反映我们生活的文化符号也是具备美学性的。北京的烟袋斜街采用现代美学的艺术手法对传统历史街区的零散空间进行了微更新改造，最大限度地保留

图 1-15　北京烟袋斜街立体文化地图（左图）

图 1-16　北京烟袋斜街嵌入地铺的平面地图（右图）

了原貌，实现了艺术的在地织补与文化的在地再生，最终还给市民一条有浓郁的文化艺术底蕴的烟袋斜街，同时也带来了大量的流量与人气，众多游客争相打卡留念（图 1-15、图 1-16）。

只有文化被“活起来”“传出去”，城市的文脉才能真正得到有效地传承。重视并追求城市空间的美学，既是在呵护城市底蕴，传承文化特色，同时也有助于广大市民坚定文化自信和城市自豪感。

4. 城市美学赋能城市精神内核

城市精神，是居住在这座城市中的居民共同认同的精神价值与共同追求。城市精神的震慑与引导力量对城市的发展，在根本层面起着支柱作用。

“城市，让生活更美好”。人是城市中最为活跃、参与度最高的因素，城市精神的核心应该围绕“人”展开。中央也在各项报告文件中多次提及“以人为本、城市精神、特色风貌”等词语，足见在城市精神中人的凝聚力被提升至前所未有的高度。城市和市民只有形成一股力量，才能对外树立形象、对内凝聚人心，整个城市上下同心，兼程并进。

2023 年因为“烧烤”出圈的淄博，获得了史无前例的热度，除了美食本身，更离不开所有市民的共同努力。滋滋冒油的烟火气，连同巨大的流量，一起涌向这座有着几千年历史的古都。

淄博是齐国故都，陶琉名城。近年来，随着淄博城市化的推进，越来越多的老城街巷、商区开始被关注。整体打造“好学、好看、好吃、好玩、好创业”的“五好”城市，“提升城市品质活力行动 47 条”……这些年，淄博一直主

主创概念
齐国故都
齐文化

图 1-17 淄博“齐文化”符号演变过程（上图）

图 1-18 淄博“齐文化”城市品牌图形应用（中图）

图 1-19 淄博尚美第三城“瓷文化”公共艺术（下图）

动求新求变，努力提升着城市多重价值，培育着顽强拼搏的城市精神。设计团队以“齐文化”为核心创意点，通过汉字的演变，提炼成一个基因图形，以现代艺术手法诠释传统历史文化，为淄博城市更新提供了独特的美学价值（图 1-17、图 1-18）。

城市中的各种公共艺术品和各类设施都与城市文化精神息息相关。例如尚美第三城公共广场上矗立的大型公共 LED 雕塑，通过建筑形态、地面铺装、裸眼 3D 屏幕等构成景观节点，将传统制陶工艺、淄博山水景观或各类型内容，运用艺术设计与数字技术结合的方式进行立体呈现，让空间界面极具现代感，形成沉浸式场所体验（图 1-19）。一把串、一间店、一条街，都是淄博这座城市的精神。看上去不经意地顺势而为，实际上却是这座城市深耕多年的厚积薄发。

过去我们的城市建设重心偏功能层面，重效率和质量，忽略了文化与美学的作用。新时期，淄博在城市更新中引入视觉一体化理念，综合提升城市空间规划和环境艺术等方面，将城市中各部分的建筑、景观、设施等元素融合在一起，增强城市的美感和整体感，传播城市文化，提升城市的知名度和品牌形象，促进街区的活化和城市的商贸繁荣。

第2章 城市更新与城市美学

以艺术为导向的城市美学更新，是城市美学建设的核心内容，也是提升城市品质的重要途径。一座城市的推陈致新应该是由内而外、自上而下、由小及大地铺展开来。首先，城市规划层面要形成相对完备的法规体系作保障。其次，明确更新的总体目标、路径方法、建设方式等各个环节，再次从实施层面提供具体要素的更新规划与建设指引，最终才能以全新的城市功能替换原有的功能性衰败的环境空间，使之重新焕发活力。

城市美学更新主要包括两方面——精神层面和实体层面。“精神层面”指的是城市品牌、文化环境、色彩体验、游憩感受、街巷联系等心理与情感的改进修缮。“实体层面”指的是建筑景观、公共艺术、城市家具等实体的改造提升。面对城市空间多元发展的需要，城市空间革新也应是多维度的，以适应不断扩展拼贴的城市风貌，满足持续细化升级的公共服务需求，力求建设更为美观高效、智能舒适的都市生活圈。

2.1 城市更新的美学背景

城市更新起源于西方，但是在今天的中国，其又被赋予了更加饱满的内涵，从中央把实施城市更新行动作为国家战略提出来，最终采纳用行动落实到文件上，城市更新在我国已经由一个“学术概念”变成了“政策速度”。城市更新行动是以城市整体作为对象，即城市所处历史阶段变了，主要矛盾变了，发展模式也变了。因此我们要把城市作为有机生命体，要以新发展理念为引领，以城市的基建评估为基础，以统筹城市规划建设治理为路径，顺应城市发展客观规律，推动城市高质量发展的综合性、系统性战略，城市更新应该是战略层面而非战术层面的议题。

城市美学更新并不仅仅是从“老旧”转向“崭新”，而是升级为“美好”“绿色”“科技”“高品质”“可持续”等更多民众向往的方向。各更新项目的顺利实施也着实让城市空间变得更舒适、更美观、更贴近人们的理想，这也是城市美学更新工作开展的时代意义。

2.1.1 美学更新的领域界定

提及“城市更新”，相信大家并不陌生，这个词已经连续三年被写进政府工作报告，通过搜索指数可以看出人们对“城市”“美学”与“更新”的关注度正在持续上升。城市美学与城市更新是相辅相成的，但并不是所有“更新”都有利于城市的美誉度提升。只有既保留历史的韵味，又体现时代的发展的更新行动才可称为“兼顾美学的更新”。

相较于20世纪70年代以来人们广泛讨论的大刀阔斧的“城市改造”，“城市更新”一词显然更为审慎和细腻。城市更新与其说是“建设”，不如说是“利用”，如何通过一些整改措施让城市变得重新焕发活力和生机，所以也叫作“盘活存量”。与此同时，毕竟我们还没有发展到城市化的末期，所以还有一部分增量的空间，这部分增量应该用来优化结构而不是增加数量。具体来讲，就是优化城市的三大结构：第一是优化产业结构，第二是优化空间结构，第三是优化人口结构。所以增量的关键是要做“优”而不是简单地做“量”，提高质量，走向高产，这才是做优增量。其内涵不只包括简单的老旧城区的改造等，而是由原本大规模的增量建设逐渐过渡为对存量建设的提档增质，同时对小幅度增量建设的结构优化和模式升级。“城市美学更新”便是在城市更新大背景下延展出的在城市公共空间中和谐秩序营造的学科研究分支。

城市更新的范围通常包括老旧工业区、商业区、住宅区、城中村等设施落后、功能短缺或土地用途不当等明显不符合所在区域发展的区域。早期狭义的城市更新，范围比较明确，主要针对贫民窟或者生存条件极差的城区进行住宅、设施等实体环境的改造活动，但多为"一刀切"的彻底清除的方法，一律推倒重建。大拆大建的时期过后，中期演变为"整旧复新""保存维护"等相对温和的城市更新手法，实施阻力较小，纠纷率也大幅下降。后期城市功能服务体系逐渐完备，城市更新主要是点对点式的"针灸式"更新模式，且通常在划定的特殊区域内进行。梳理整个时间轴，城市更新是没有终止日期的，城市始终处于一个持续更新的状态。

城市美学更新的范围更为广泛，覆盖整个城市，因为"美"不是相对"老旧""过时"的概念而言，"美"也并不等于"新"。城市是动态发展的生命体，美学是建立在城市空间和人的基础上的上层要求，随城市的发展而变，随时代的审美而变，随科技的进步而变，随市民的需求转换而变。

城市中的"美"，含义很广泛，本质是从人对城市的审美感受出发，探讨城市物质形态、精神文化，也是人们对城市中生存条件和生活方式的积极探索。针对城市老旧区域物理空间的改造提升是城市美学更新的表层内涵，如何让城市更有活力、更加宜居、更可持续地发展、更满足人们日益提升的对生活环境的心理预期才是城市美学更新真正的行动目标，从细节处将我们生活的城市从"看着美"升级到"用着美"。

城市美学对于城市更新而言，是站在生活、生产和生态美学层面上运用视觉审美和设计思维形成的城市更新解决方案。我们要在传统城市空间和功能中植入新的文化活力、新的生活美学，以及新的空间架构。建筑立面、户外广告系统、夜景照明系统、户外招牌系统、城市家具系统、城市导视系统、景观绿化系统、城市色彩系统和公共艺术共同构成了城市视觉系统。深入研判一座城市的各方面的发展机遇，根据更新区域特点，系统化和整体化地对城市视觉系统进行延续和探索，用"绣花功夫"去对待城市美学品质的构建与提升，才能在政府进行城市决策、城市管理、城市设计和城市运营等环节时提供行之有效的解决思路（图 2-1）。

城市视觉系统

URBAN VISUAL SYSTEM

图 2-1 城市视觉系统九大要素

城市美学更新的核心意义和价值在于帮助城市建立起良好人居环境，改善人民群众的生活体验，做到城市有关怀，街区有温度，景观可漫步。通过生活空间的美化提升市民对城市的认同感和主人翁精神。

城市美学更新不仅包括了政府主导的制度更新、规划更新、交通更新、机构更新等自然环境和硬件条件的升级，也涵盖了产业升级、场景更新、人文丰饶等更多社会环境和美学品位的新要求。基于每个城市不同的发展现状，对应美学层面的需要提升的侧重及具体内容也是不尽相同的。北京市、上海市、深圳市、广州市是我国城市更新行动中较为先行的典型代表城市，表 2-1 为北京市、上海市、深圳市、广州市四个城市分别对城市更新的定义（其中标注部分为城市美学更新相关的关键词）。

各个城市“城市更新”定义解读 表 2-1

城市	范围	更新主要内容	更新内容细分	政策导向
北京市 城市更新 （首都城市）	建成区内	城市空间形态和功能的持续完善和优化调整	①居住类城市更新；②产业类城市更新；③设施类城市更新；④公共空间类城市更新；⑤区域综合性城市更新；⑥市人民政府确定的其他城市更新活动（5 大类、12 项更新内容，不包括土地一级开发、商品住宅开发等项目）	“留改拆”并举，保留利用提升为主
上海市 城市更新 （人民城市）	建成区内	城市空间形态和功能的持续改善	①加强基础设施和公共设施建设，提高超大城市服务水平；②优化区域功能布局，塑造城市空间新格局；③提升整体居住品质，改善城市人居环境；④加强历史文化保护，塑造城市特色风貌；⑤市人民政府认定的其他城市更新活动	“留改拆”并举，保留保护为主

续表

城市	范围	更新主要内容	更新内容细分	政策导向
深圳市城市更新	特定城市建成区（包括旧工业区、旧商业区、旧住宅区、城中村及旧屋村等）	进一步完善城市功能，优化产业结构，改善人居环境，推进土地、能源、资源的节约集约利用，促进经济和社会可持续发展	①城市基础设施和公共服务设施急需完善；②环境恶劣或者存在重大安全隐患；③现有土地用途、建筑物使用功能或者资源、能源利用明显不符合经济社会发展要求，影响城市规划实施；④经市人民政府批准进行城市更新的其他情形	拆除重建、综合整治、功能改变
广州市城市更新	规划范围内	对低效存量建设用地进行盘活利用，以及对危破旧房进行整治、改善、重建、活化和提升	①促进城市土地有计划开发利用；②完善城市功能；③改善人居环境；④传承历史文化；⑤优化产业结构；⑥统筹城乡发展；⑦提高土地利用效率；⑧保障社会公共利益	整治、改善、重建、活化、提升

观察表 2-1，城市美学更新与城市更新的范围是基本一致的，指的通常是在城市（特定）建成区内进行的有利于城市风貌和人民生活品质提升的实践活动。更新的主要内容多为空间形态的视觉修补和功能板块的体验补足，兼顾了视觉形象层面和大众体验层面，手法包括但不限于拆除、重建、整治、活化和保护等。表 2-1 中的美学更新实践活动都是围绕“宜居、绿色、韧性、人文”几个关键词展开的，共同目标都是为了延续优美的人文生态和美好的生活场景。

城市美学更新领域是模糊的，边界是无法精准界定的。不是一个有明确起始日期的计划或行动，而是一个长期作用于城市，并不断产生新能量的可持续系统。城市美学更新不仅局限于城市物理空间的改旧翻新和基础设施的提升，更关系到城市精神文化氛围、生活美学格调的塑造。

2.1.2　国内美学的更新历程

过去的 30 余年，我国城镇化进程快速推进，城市建设取得巨大成就，大量人口涌入城市，随之而来的是资源约束趋紧、环境污染严重、生态系统遭受破坏的严峻形势，基础设施短缺、公共服务不足等生存环境层面的问题，还面临着特色日渐趋同、地域文化消失、城市审美泛化的美学建构层面的难题。诸如此类粗犷的发展模式对生态环境造成了普遍性破坏，严重制约城市发展模式和治理方式的转型，城市美学更新行动迫在眉睫。

为了更好地适应时代发展、满足人们的多元需求，我国在城市建设和治理

图 2-2 深圳市南头古城更新后街貌

模式方面作了全面细致的探索。近 10 年前，中央就明确提出“要控制城市开发强度，科学划定城市开发边界，推动城市发展由外延扩张式向内涵提升式转变”，不久国务院又强调“有序实施城市修补和有机更新”，紧接着中央再次强调“加强城市更新和存量住房改造提升”。至此，城市更新开始受到了全社会的高度关注。全国自上至下对城市美学的重视就体现在一次次政府工作会议强调重点的转变中。其实早在 2015 年 12 月，党中央就预判了这种变化，当时在中央城市工作会议上就提出来五量，叫“框定总量、限定容量、盘活存量、做优增量、提高质量”。[①] 这些趋势无不表明国家越来越重视城市空间形态、文化内涵的深度，而不是广度（图 2-2）。

我国的城市更新发展史经历了“旧城更新”“有机更新”“城市再生”“城市复兴”“城市更新”和“城市双修”等多个阶段，逐渐摸索出一条适用于我国国情的城市更新模式——以文化保护为根本，形成多维价值、多元模式、多学科探索和多维度治理的新局面。城市层面的更新，不应只是空空其谈的政策创新、制度创新，更要注重城市美学更新与功能升级。

开始重视城市风貌、初步提及城市美学的概念是以“城市双修”[②] 实践为重要转折点的。在此时期，我国城市发展进入了全面转型时期，空间建设速度从快速填充转化为有节制的空间扩容方式，逐渐从增量横向扩张转化为存量资

① 新华社 . 中央城市工作会议在北京举行 习近平李克强作重要讲话 [OL]. 中国政府网，2015-12-22.

② 试点工作任务：践行绿色发展新理念新方法，探索推动“城市双修”的组织模式，先行先试“城市双修”的适宜技术，探索“城市双修”的资金筹措和使用方式，建立推动“城市双修”的长效机制，研究形成“城市双修”成效的评价标准。

图 2-3　第一批“城市双修”试点城市——三亚城市风貌

源的提档升级，空间开发的品质从粗放型向精细化转化，城市的管治模式从政府的全面管理逐渐向城市有机治理转变，放权到各个利益主体，倡导全民共建共享共治。紧接着“城市设计”与“城市更新”实践也陆续展开，几批试点城市皆取得了喜人的成果。前后的三次“城市行动”可谓是我国城市美学更新历程的有效尝试。

1.“城市双修”

“城市双修”拉开了城市美学更新的序幕。它包含生态修复和城市修补两部分内容，二者同等重要，互为补给，同时推进。双修将城市的发展与自然环境的建设两大命题等量齐观，充分说明了我们赖以生存的不只是城市环境，自然资源也发挥着重要的作用。生态修复是对人为建设城市过程中对自然环境造成伤害的一种弥补，通过修复尽可能复原原来的品质和价值。某种意义上来说，修复生态环境也相当于是修复城市的背景墙。城市修补是对已建成城市“伤疤”的抹平，在修复过程中，都需要精细缜密的设计进行指引，才能修复出理想的效果。自然的生态环境和城市中的人文环境同属于城市美学的重要组成部分（图 2-3）。

2. 城市设计

城市设计行动明确了城市美学更新的方向。城市不能肆意生长，而是需要设计的，城市的生命力在于其不断更新的空间形态、运营机制与人的行为轨迹碰撞出的火花。它是一门以美学为指导的学科，不仅包括确定城市空间发展的骨架和结构，还包括了空间骨架、街区尺度、城市色彩、建筑体量和高度、视线通廊、历史文化价值、城市感知等物质空间和城市意象等多个侧面，以美学的标准、设计的思维，借助形态组织和环境营造的方法对城市风貌组成进行规划与引导。城市设计不单指某个时期的某个具体方案，而是随着城市功能的发展，审美标准的提升，将人们需求的变化进行随时调整的一套持续性方案。若将城市的发展比喻成水流，城市设计就好比是纵横有序的沟渠，指引着水流的方向、流量和缓急。

所以就治理城市而言，要加强城市设计方法的应用，体现空间的经济价值、人文价值、社会价值和美学价值，从而为城市更新塑造新动能，激发城市更新的动力和活力。因此要充分发挥其“黏合剂”作用，将城市设计与城市自然环境、文化和人的需求相衔接，与建设行为相衔接，指导各城市精细化建设，营造具备高审美标准的城市环境。此外，与其他领域的设计学科相比，城市设计还附加了公共政策的属性，映射出政府开始重视城市美学更新的主张和意志。

3. 城市更新

城市更新行动奠定了城市美学更新的基础。它是一项缓慢复杂的改建工程，是针对已经无法满足人民需求的街区、构筑物等有规划的提升活动，通常有拆除重建类、有机更新类和综合整治类等形式。城市中危旧楼房的改建、老旧厂房的改造和老旧楼宇的更新等都属于更新的范畴，其目的都是探索如何在存量资源的大背景下，更高效地提升群众生活环境的品质，增强城市发展韧性，建设新型智慧生态城市。城市更新是城市存量发展阶段城市发展转型的必然趋势，同时也是有效治理“城市病”，改善人居环境的重要举措。

表 2-2 对三次城市工作试点城市就开展时间、试点城市的数量、工作原则要求和主要的工作任务进行了总结和对比。

三次城市工作的工作原则和主要内容对比　　表 2-2

城市工作	时间	数量	工作原则要求	主要工作任务
城市双修	2015 年 6 月	1	①政府主导，协同推进；②统筹规划，系统推进；③因地制宜，分类推进；④保护优先，科学推进	①完善基础工作，统筹谋划“城市双修”；②修复城市生态，改善生态功能；③修补城市功能，提升环境品质；④健全保障制度，完善政策措施
	2017 年 4 月	19	①制定“城市双修”实施计划；②完成“城市双修”重要地区的城市设计	①推广三亚经验；②注重问题梳理；③做好统筹谋划；④细化工程举措；⑤确保工作实效

续表

城市工作	时间	数量	工作原则要求	主要工作任务
城市双修	2017 年 7 月	38	①强化组织领导； ②落实工程项目； ③加强考核评估； ④总结推广经验	①践行绿色发展新理念新方法； ②探索推动“城市双修”的组织模式； ③先行先试“城市双修”的适宜技术； ④探索“城市双修”的资金筹措和使用方式； ⑤建立推动“城市双修”的长效机制； ⑥研究形成“城市双修”成效的评价标准
城市设计	2017 年 3 月	20	①强化组织领导； ②突出工作重点； ③完善保障措施； ④总结推广经验	①创新管理制度； ②探索技术方法； ③传承历史文化； ④提高城市质量
	2017 年 7 月	37		①探索建立有利于塑造城市特色的管理制度，因地制宜开展城市设计； ②坚持问题导向，使用信息化等新技术，做有用实用的城市设计； ③划定城市成长坐标，保护城市历史格局，延续城市文脉； ④结合“城市双修”，开展城市设计，推动城市转型发展
城市更新	2021 年 11 月	21	①编制实施方案； ②强化组织领导； ③总结推广经验	①探索城市更新统筹谋划机制； ②探索城市更新可持续模式； ③探索建立城市更新配套制度政策

三次城市工作的工作原则和要求大同小异，工作重点略有不同。城市双修把“生态”一直作为工作开展的重点，城市与生态并重；城市设计更加注重制度的完善和规划的先行，偏重前期策划阶段；城市更新则更关注具体的落地方案，注重规划的落地实操性。三次工作相辅而行，协调互通，其中都包含推动城市美学的具体措施。

鉴于我国城市数量众多、自然条件、经济发展、社会风俗等差异较为明显，通过选择不同级别、性质和类型的城市作为试点，可以切实实践并总结能提供借鉴的经验教训。截至 2017 年 7 月，住房和城乡建设部分三批公布了 58 个“城市双修”试点城市，以点带面地促进城市发展转型与品质提升。与此同时，住房和城乡建设部还分两批公布了 57 个“城市设计”试点城市，紧接着又公布了 21 个“城市更新”试点城市。每批次试点城市的数量是呈绝对上升的趋势，说明选取试点城市的策略整体取得了显著的成绩，并且积累了一批城市美学更新的宝贵经验。

相关法规条例的健全为城市美学更新的稳步推进保驾护航。浙江省编制了《浙江省城市景观风貌条例》，作为国内首部城市景观风貌专项立法，确立了以城市设计为技术基础的城市景观风貌规划设计和管理制度，使城市景观风貌管理和城市生态美学的塑造有法可依。《安徽省城市双修技术导则》以“补短板、惠民生”为目标，其中“改善城市生态环境、优化城市公共空间、改善出行条件、提升城市风貌”等举措都是城市美学更新的重要推手。

纵观国内城市美学更新的发展，从“城市设计”概念的兴起，我们便不难看出城市的建设重心开始关注审美方向，这是一个国家经济发展水平和城市建设水平高度发展的必然趋势。从此“美丽”这个词开始逐渐出现在城市治理的场域里被解读和延展。“美丽城市”的概念来源于十八大提出的“建设美丽中国”的口号，一经推出，反响热烈。从“美丽广东”“美丽四川”，到“美丽深圳”“美丽长沙”，诸多省市纷纷将“美丽”这个词语放在作为城市发展的目标口号，以彰显对未来发展的美好憧憬。在越来越多城市空间的实践下，城市美学的营造理念逐渐成熟、内涵也日益丰富（图 2-4、图 2-5）。

“美丽街区”是城市管理精美善治、践行城市美学的生动实践。2022 年 11 月，常州发布了《常州市美丽街区建设导则》，设施提升、特色展示和创新治理为三个主要目标；2023 年 1 月，苏州市城市管理局主办了“街区焕新 向美而行”的“美丽街区”评选活动；2023 年 2 月，成都市将“创建 30 个市级‘美丽街区’”作为全年的城市建设目标；2023 年 4 月，深圳市龙岗区龙岗街道成立了“美丽街区发展促进会”，成为深圳市首家专注于街区市容环境提升的专业性社团组织，旨在解决市容环境治理领域的问题（图 2-6）。

推动“城市双修、城市设计与城市更新”三种理念出现的根本原因是社会的进步、城市的发展、人们需求的升级。城市设计也可以说是开展城市双修和

图 2-4　深圳南山区南头古城“城中村”的街道更新改造（左图）

图 2-5　深圳南山区南头古城增设的休憩设施（右图）

图 2–6　常州美丽街区实践原状与改造方案
（图片来源：现状照片为实例实地拍摄，方案效果为作者自绘）

城市更新工作最有效的方法和途径。从“城市双修”到“城市设计”，再到“美丽城市”，又不断延展出“美丽街区”“美丽城镇”“美丽村庄”等一系列以美学主导的城市建设方向。这些新理念都是我国在城市建设模式探索中与时俱进，实事求是，充分发挥创造力的体现，无不说明了美学正逐渐成为我国城市建设中的重要考量标准和发展目标。

2.1.3　存量时代的美学挑战

城市建设过程中“增量”与“存量”的概念主要是针对土地资源而论。顾名思义，“增量用地”指的是未开发利用过或者已开发利用但由于效率不高，可再次进行城市建设开发利用的土地。“存量用地”指的是已开发利用的土地。二者的根本区别不完全是土地的建设状态，而是由土地的产权性质决定。[①] 前者由政府控制，后者由于已进入市场，可通过平等协商的方式进行交易。

随着改革开放 40 余年的持续高速发展，我国的城镇化也发展到了关键阶段。大多城市陆续开展了城市更新的进程，部分城市已经取得了阶段性成果，从“有没有”正在向“好不好”过渡。中央下达的多项文件也明确要求减少增量更新，减少大拆大建，注重存量空间优化，整体提升城市品质，注重城市美学的营造。存量空间的优化和提升是国内新一轮城市发展的空间资源拓展的主要方式，城市美学更新更加倾向于小规模、循序渐进、可持续地稳步前进。城市美学更新也成为未来我国城市发展的新增长极。

进入“存量时代”，意味着我们需要更加重视生活设施老旧、城市传统文

① 邹兵．增量规划向存量规划转型：理论解析与实践应对 [J]. 城市规划学刊，2015（5）：8.

化风貌缺失、交通拥堵加剧、中心城区人口密集、城市的精细化管理水平不高、应对风险的韧性不强等多种问题。相比过去粗放的城市扩张模式而言，我们不得不探索更为集约、可持续的城市发展模式，城市风貌中的美学也需要见缝插针地去提炼和塑造，如何发现历史痕迹中的美学基底，结合现代的改造手法，使其焕发新生机，是存量时代背景下城市更新的美学挑战。

我们的城市建设从“增量为主”转向“增量、存量并重”的规划阶段，更新模式从“增量建设”转向“存量提质”，即由大规模的增量建设为主的模式转向存量提质改造和增量结构调整并重的模式。探寻现有城市中不合理的、低效的空间配置，通过重新设计生产出新的空间，赋能其新的功能和属性，再次服务于市民是实现“存量”转化为“增量”的有效路径。

在此背景下，城市双修、城市重建、城市再生、城市再开发、城市更新、城市复苏等城市建设方式的不同理念应运而生。人们关注的重点开始转向与生活日常更加息息相关的城市环境因素，更加向往街道和社区的关怀度、生活圈的便利度、交通网络的便捷度和公共设施的实用度。这一趋势映射出的是市民自我价值的觉醒和城市人文属性的回归，是一座城市文明向前发展的显著标志。与此同时，我国在存量时代背景下如何兼顾社会与人文、经济与美学、历史与现代等多对矛盾是需要持续探索的课题。

通过对城市现有各类资源全方位盘点整合，科学制定应对策略，让闲置的资源重新焕发活力，让低效利用的土地高效利用起来（图 2-7 ～图 2-9）。随着生态环境的修复、土地集约利用水平的增高，以及各种节地技术与节地模式的推广利用，小部分原有的存量土地被盘活，转化为增量土地。因此，放慢步伐、有条不紊、重质保量地对城市现状提档升级才是当下城市发展的重中之重。

图 2-7　大唐不夜城步行街互动舞台

图 2-8　大唐不夜城步行街表演者与观众互动（左图）

图 2-9　广场中心动感地砖互动场景（右图）

2.2　城市更新的美学路径

2.2.1　先行城市的特色举措

党的二十大报告为我们国家的城市未来的实践提出了基本要求和基本目标——坚持人民城市人民建、人民城市为人民，提高城市规划、建设、治理水平，实施城市更新行动，加强城市的基础设施建设，打造宜居、韧性、智慧城市。总书记还告诉我们，做好城市工作，务必把握“一个尊重五个统筹”。[1]所谓“尊重”，就是要尊重城市发展的客观规律，规律有待我们去认识、去追寻。城市是有机生命体，我们要认识、尊重、顺应城市发展规律，要敬畏城市、善待城市。所谓“统筹”，城市它是个复杂的巨系统，不能用单一的目标、单一的要求对待城市，所以需要有综合的观念，要有整体全局的视野，还要有系统的思维。

城市美学更新是依托政策和机制驱动的工程，具体项目如何与政策结合，有效推进需要细致精准地规划引导。国内城市数量众多，更新基础各不相同，深圳、上海、广州和北京是我国城市更新立法的先行城市，美学层面更新的广度和深度都有值得借鉴之处。2009 年至今，《深圳市城市更新办法》《深圳市城市更新实施细则》《上海市城市更新条例》《广州市城市更新办法》《北京市城市更新条例》相继出台，北京、上海、广州、深圳这四座城市逐步完善落实了城市更新工程的法治保障，它们作为参考样板为全国范围内的城市美学更新道路探索提供了落地价值。

---

[1]　“一个尊重”：尊重城市发展规律；“五个统筹”：①统筹空间、规模、产业三大结构，提高城市工作全局性；②统筹规划、建设、管理三大环节，提高城市工作的系统性；③统筹改革、科技、文化三大动力，提高城市发展持续性；④统筹生产、生活、生态三大布局，提高城市发展的宜居性；⑤统筹政府、社会、市民三大主体，提高各方推动城市发展的积极性。出自：新华网《习近平著作选读》学习笔记：做好城市工作，如何做到一个“尊重”五个“统筹”[OL]. 新华网，2023-12-10.

图 2-10　北京城市街道风貌（一）

1. 北京

北京，是绵延 3000 多年建城史的古都，辉煌壮美，责无旁贷地要在各个领域为全国城市的发展做好示范和引导（图 2-10）。它也是国内首批城市更新试点城市，更是全国首个“减量发展”的特大城市。北京紧紧围绕着“首都”的战略定位，其美学落脚点首先体现在坚持民生优先，兼顾各方主体利益，以更好地缔造宜居生活空间、创造高效生产空间和塑造活力公共空间为目标。

1）制度保障“新尝试”

与上海、深圳、广州相比，北京的更新政策体系起步较晚，但从 2018 年开始，相关政策陆续出台，制度趋于完善。提出责任规划师参与制度，规划师指导规划实施，发挥技术咨询服务、征集公众意见等作用，作为独立第三方人员，对城市更新项目提出美学指导，协助监督项目实施。在更新土地和规划方面，北京推出了建筑规模激励、用途转换和兼容使用等规定。这些举措何尝不是从另一个角度提升城市公共空间和公共设施的比例呢?

2）更新单元“小而精”

北京的城市空间布局结构决定了其要以街区为最小的城市更新单元，积极探索微更新的可持续模式（图 2-11）。街巷是连通各个街区的“血液脉络”，更是老百姓家家户户的生活场所。拔地而起的摩天大楼展现的是城市高度的上限，温暖热闹的背街小巷则是城市温度的上限，生活的美学就藏在街巷里融洽的邻里关系中。狭窄的街巷小路、错落的建筑格局构成了街区风貌的骨骼，穿梭的人流、车流则是街巷持续蓬勃发展的“原动力”。

图 2-11　北京城市街道风貌（二）

杨梅竹斜街原本布满了密密麻麻的晾衣线电线等，更新过后，众多文创商店、非遗工作室、艺术博物馆等业态纷纷来此聚集，配以干净平整的石板路、有趣雅致的艺术涂鸦，变成了吸引年轻人的网红打卡胜地。亮马河滨河路的风情水岸收获了市民的喜爱与奔赴，以河道复兴带动区域更新，成为北京重要的景观廊道和商业带。河道治理、改建驳岸、绿化美化、照明亮化、桥梁抬高、运营航线等举措共同打造了一幅流光溢彩的城市滨河美学画卷。

3）更新手法“接地气”

北京城市更新的方式主要由政府宏观调控，市场话语权相对较低，且秉持旧城保护和拆除重建兼顾的保守方式。在这样相对“局限”的背景下，北京坚持政府引导，充分倾听居民的声音，积极构建以点带面撬动模式，且持续在构建城市美学新模式的道路上积极探索。

琉璃厂古文化街区、南锣鼓巷文化创意街区、大栅栏和新前门街区（图 2-12）、潘家园旧货市场街区等这些极具北京特色的街区，都根据所在区域的历史文化背景和发展现状制定了专属的美学提升策略。南锣鼓巷的修缮更新项目提出“申请式腾退”“申请式改善”和“共生院”的理念，把更新的选择权交给居民，注重文脉传承与恢复性修建，让老胡同居民享受现代生活的便利，是新时代老城保护更新的重要案例。由此可见，对于城市中的特色文化

图 2-12 北京大栅栏标志

街区，以人为本、立足文化、保留特色、因地施策、分类施策才是延续美学的有效微更新。

2. 上海

上海是国内城市中启动更新工作最早的城市之一，政府主导、市场参与的整体更新是上海城市更新的主要方式。与北京“首都城市”定位相对应，上海始终践行“人民城市”的重要理念。2021 年《上海市城市更新条例》的出台，将原本分散在各个条线的更新政策体系化、法定化，开始建立起全门类、全口径、全社会、全流程的一体化城市更新制度与技术体系，标志着上海城市更新进入新时代。

“零星更新”是上海首次提出的概念，是与“区域更新”相对应的，主要针对有自主更新意愿的自有土地房屋。区域更新是大多城市较为普遍采用的更新方式，针对需要整体提升转型的区域，制订更新计划、确定统筹主体、编制更新方案，最终项目实施。在区域更新与零星更新并行的路径设计下，市场主体可自由切换身份参与两种更新形式，使得城市能够最大限度地实现查漏补缺，有效提升整体片区的视觉美学品质。

上海大力拓展城市美学更新项目的参与平台，启动实施了“1+4+12+X”的城市行动体系：即“1 项城市设计挑战赛”；共享社区、创新园区、魅力风貌、休闲网络“4 大行动计划”；围绕行动计划展开的“12 项确定试点项目”和“若干项（X 项）可增补试点项目”。挑战赛每年选取时下社会关注程度较高、具有影响力的公共性或民生类城市美学更新项目以此命题，借助网络公开征稿，征集创意和方案。此行动体系极大地调动了全社会参与城市整治的积极性与关注度，迅速成为其他城市争相效仿的模板。

3. 广州（向美而行）

广州作为沿海城市代表，是改革开放以来各项新政策的先锋试点城市。2015 年广州成立了国内首个“城市更新局”，是国内第一个专门的城市更新职能机构，广州还被列为全国老旧小区改造试点城市。“保护与活化相结合、产业与民生相结合、传统与现代相结合”的 3 个原则共同构筑了广州城市美学新体系。

1）政府焕美

广州秉持着“因地制宜”的改造方针，改造范围、深度、内容等一切以实际情况为主，全面改造和微改造被给予同等的关注度。太古仓的改造没有全部推翻重建，而是汲取国外渔人码头的营造经验，保留了“T”字码头等沿江优势，利用红墙仓库、游艇、集装箱等场域特色元素，打造成一个岭南风情的网红打卡地。永庆坊曾是广州危旧房屋集中区，在政府介入进行微改造后，大片骑楼建筑被保留，青砖瓦房和琉璃彩窗在阳光的照射下交相辉映，广式文化通过街巷的整治、产业的更新在永庆坊熠熠生辉，受到市民的广泛好评。

2）全民创美

广州是一座有着深厚文化底蕴的历史名城，如何留住老广州的乡愁是开展城市美学更新的重点、难点。为了使每个环节都兼顾民之所想、更新为民之所向，广州开展了“老广州 · 新社区”的老旧小区微改造规划设计方案竞赛，全市范围内如火如荼地进行，同时聘请行业专家对方案进行评选，最终公示获奖方案并采纳批评指正建议。在改造过程中，推动建立居民自治委员会、更新管理委员会等协商机构。改造后，施工方将市民的反馈作为验收合格的重要标准，并邀请市民一起参与维护管养，生动地探索“共建共治共享”的城市建设新模式。

浓厚的粤式文化激励着这座城市从“城市增长”转向“城市成长”。广州城市更新的内容不局限于单一门类的硬件设施的提升，范围已逐步延伸到老旧住宅小区的微改造、特色园区（特色小镇）的品牌营造、新型工业园区的转型升级等，注重精准提升和较强的实操性。例如，海珠区的保利 · 1918 智能网联产业园，其前身是一家中车轨道装备的企业，改造之后，园区聚集了大批人工智能创新企业，为企业搭建沟通合作平台的同时也为市民提供了一个了解新技术、新科技的知识平台，改造后的园区因明快的色彩、设计感的建筑立面风格和值得玩味的各类设施也成为网红打卡点，通过美学提升扩大了园区的公共属性。

4. 深圳

提及深圳，就不得不提一个“敢”字，敢闯敢试、敢为人先是深圳禀赋的特区精神。深圳是国内城市更新最早立法的城市。经历 40 年的高速发展，深圳的更新进程经历了从“速度”转向“效益”，再进阶到“质量”的蝶变。

深圳的城市更新在朝着有序化、有机化和精细化的城市设计和风貌控制持续改良，同时进一步兼顾历史、文化等多元维度。不同于北京的中央政府主控，深圳以市场化程度高著称，因此更倾向于“政府引导 + 市场运作”的模式。实现生产、生活和生态的“三生融合”、创新、创业和创投的“三创融合”、保障生态环境的健康、城市功能完善与人居品质提升是深圳的美学目标。

结合“大人口、大经济、小土地”的现状，深圳未来的更新趋势也是更加注重城市环境品质。条例中也明确规定实施主体按规划配建城市基础设施和公共服务设施及增加城市公共空间等情形的，可以适当给予容积率转移或者奖励。重视环境品质营造，多手段强化项目的城市设计与建筑设计品质。

展览是深圳城市美学更新道路的一个优势路径——深港城市 / 建筑双城双年展，简称“深双”，以城市和建筑为固定话题，每届选择不同的城市空间作为展示场地，并通过展览的方式与城市实践多维互动，并介入展览场地所在片区的转型发展，剖析内核，分享经验，促进其二次生长，同时也激发更多公众对建设美好城市的关注探讨和社会热度。因而可以说深圳城市更新与深双相互扶持，共同生长（图 2-13）。

2017 年第七届的深双突破了前几届工业风格显著的约束，落地在拥有 1700 多年历史，遍地城中村的南头古城。展览以“就地保护、活化整治”为总体原则，以“城市共生”为主题，将展览植入居民的日常生活场景，通过活化改造为这里注入新鲜血液，历史文物在得到保护的同时文化又得到挖掘和复兴。

图 2-13　深圳市城市美学更新建筑风貌

通过分析以上几个先行城市美学更新经验，我们不难看出：在城市美学更新行动中，要坚持规划引领、分类施策，加强试点案例的宣传推广，以点带面、打造样板、形成经验，推动重点项目的滚动生成与动态更新。与此同时，分阶段明确城市更新的具体任务、项目构成、工作清单，以及重要领域，确定近期重点任务。政府应及时完善科学合理的针对性专项规划、政策和机制，体现公共政策的威慑力。

2.2.2　普遍适用的经验总结

本书通过分析总结国内几座先行城市贯彻落实城市美学更新统筹谋划机制、可持续模式和配套支持政策等行之有效的经验做法，发现成功的经验不是标准答案，找准城市的痛点，对症下药，才能营造适合城市发展的美学路线。其中最为重要的美学依托是对文化的挖掘。我们要最大限度地保留城市特色和文化记忆，对既有建筑、老城格局尺度和城市特色风貌也做到应留尽留（图 2-14）。与此同时，划定更新改造的底线，防止城市面貌改造后变形走样，对大规模拆除、增建和搬迁严格控制。最后要量力而行，稳妥推进改造提升，补齐功能短板、提高城市韧性和形象的美誉度。具体的城市美学更新过程经过提炼总结成以下几点普遍适用的路径，希望对后续城市美学更新工作开展提供可借鉴的价值。

图 2-14 苏州观前街商圈中心广场规划街道风貌

1. 规划引领

无论是欧美国家还是我国，法规条例的保障都是推行城市整治行动的先决条件。20 世纪 50 年代的英国，针对当时大规模的新区土地开发制定了《新镇法》，20 世纪 80 年代，针对私人集团在城区边缘的绿带区域频繁无序的开发行为和政府公共机构大量闲置内城区的行为，颁布了《地方政府规划与土地法》，文件中授权了国家环境部门成立城市开发公司作为专属机构，专职负责振兴城市，使土地与建筑发挥最大的使用效益，有效地整治了城市的街道美学秩序。与之不同，美国的城市更新运动是自上而下逐层铺开的，首要的一步是通过国会颁布法律，制定统一的政策、目标和重点等，且由联邦政府统一审批各地的规划方案，并出资助力各地的实施操作，具体更新项目的择取交由地方政府决策。

城市美学更新行动的推动离不开国家法治的保驾护航，法律的保障和制度的持续完善是先决条件。近年来在我国政府的带领下，越来越多的城市出台了与城市更新相关的条例、办法、导则、工作指南等具备法律效力的文件，但鲜有城市具备完整的配套法律和制度保障以统领更新全流程，因此推动城市美学更新立法正当其时。

在国家不断强调城市更新、美学提升的号召下，不少城市纷纷出台各类法规条例并开始筹备城市风貌、城市家具、户外广告、夜景灯光等各项专项规划的编制，分区精准实施城市更新行动，明确重点更新区域，实施差异化更新策略，有效将城市美学更新的宏观任务解读分解为切实可落地的细则和措施，切实构建顺畅规划传导路径，通过规划引领提升美丽国土空间。深圳出台了 600

余项政策来保障城市更新工作的稳步推进。上海也在出台《上海市城市更新条例》后，持续出台一系列城市更新专有建设规范，作为条例的“补充说明书”，包括城市更新规划土地实施细则、城市更新风貌保护实施细则、城市更新既有建筑改造实施细则等。

美学相关的专项规划是对整个城市美学更新工作全局性、系统性和长期性的顶层设计，需要前瞻性的眼光，也需要根据新趋势及时调整规划思路和机制。在城市规划体系中与城市美学更新相关联的专项规划，诸如“建筑立面、夜景照明、户外媒介、公共艺术、户外广告、城市家具、导向系统”等。近年来，住房和城乡建设部牵头出台了多个领域的专业规划，涉及历史街区、建筑节能、海绵城市、科技创新等领域。各级别城市、各地区、各领域都可以依法编制专项规划，诸如《福州市城市更新专项规划（2021—2025 年）》《三亚市中心城区城市更新专项规划》《厦门市国土空间生态修复专项规划（2021—2035 年）》等。建筑立面、城市色彩、城市家具等各项专项规划的编制，一方面向上衔接，补足总体规划中对城市更新系统全局性研究的缺失，同时可以和城市现行规划实现更好地衔接，精准施策、对症下药，为具体工作提供明确的指导和建议；另一方面向下传导，更好地响应落实城市发展战略意图和各层级规划中更新相关规定与要求，同时也是健全城市规划建设体系，为城市未来发展保驾护航的重要抓手。

《北京市城市更新专项规划》中经过筛查梳理，划定了 178 个重点更新街区，并针对不同类型的空间制定了不同的策略。例如：对待基础设施类要完善系统保障、对待居住类空间要侧重保护更新、对待产业类空间要“腾笼换鸟”、对待公共空间类要注重品质提升，打造北京特色城市风貌，恢复具有老北京记忆的生活场景。这些举措都在不同侧面推动了城市美学的发展（图 2-15）。

针对城市美学领域的专项立法目前国内处于空白状态，美学的要求通常体现在城市风貌、城市更新、城市设计相关的法规条例中。政府通过制定相关的法律、条例和办法等明确规定各项城市提升行动的目标、程序、规划设计和处罚措施等，使城市美学更新行为法治化和有序化，为市民和执法人员更好地解读国家的战略方针提供了规划引领和法治保障。同时也可以因地制宜，由相关部门根据发展现状和形势，对政策实施的效果适时、适当作出必要调整，并对不适用的法规条例及时修订，以满足城市治理的需要，为城市美学这个抽象的概念提供更加丰富多元的呈现形式。

图 2-15　望京小街·和美大爱·文明公约（上图）

图 2-16　北京城市街巷风貌（下图）

以北京为例，在借鉴深圳、上海、广州等城市相关立法的基础上，根据城市现状确立了以街区为单元的更新模式，将城市美学更新细化到每一条街巷。同时，政府还搭建了城市更新“1 + 4”政策体系（“1 个城市更新行动指导意见”及“4 个单项工作意见”），出台了 5 年行动计划，编制了城市更新专项规划，对贯彻落实美学提升的具体做法进行了标注（图 2-16）。

苏州引入城市“合伙人”机制，通过赋予实施主体特定权利，充分调动市场主体参与城市美学更新行动的积极性。北京将责任规划师制度作为响应群众诉求需求的重要依托，正全面完善责任规划师的人才库、资源库和案例库等信息平台资源，推动此制度的规范化和标准化。同时社区规划师全过程地参与项目，可最大限度发挥其在技术咨询服务、引导公众参与、政策和方案宣讲解读等方面的作用，促进公众与政府部门、城市更新相关主体的沟通，推动多方协商、共建共治（图 2-17）。

图 2-17　设计师与多元主体在施工现场沟通（上图）

图 2-18　日本京都商业街道面貌（下左图）

图 2-19　日本京都住宅街道面貌（下右图）

日本的街道面貌井然有序、景观错落有致，与其完善的法治保障密不可分。政府先后颁布了《城市规划法》《土地区划整理法》《建筑基准法》和《城市再开发法》等多部法律，建立起了一个相对成熟的法律约束构架，直接指导城市空间的城市美学更新工作。最新颁布的《城市再开发法》的目标是引导城市的高强度开发和城市功能的更新，同时结合《城市规划法》增设必要的公共实施（图 2-18、图 2-19）。

对比起步较晚的我国，除了发展较快的少数几个大中型城市法律架构已基本搭建，国内其他省市其城市美学更新立法仍处于起步阶段。表 2-3 粗略总结了近年来国内城市关于城市更新的立法尝试，城市美学更新相关的条例被基本涵盖，内容多为城市风貌的整体提升、设施的增补、立面的整治、照明的布局等细则。

国内城市更新办法文件情况概览（部分） 表 2-3

省市	办法文件	印发 / 施行时间
北京市	《北京市城市更新行动计划（2021—2025 年）》	2021 年 8 月
	《北京市城市更新专项规划（北京市“十四五”时期城市更新规划）》	2022 年 5 月
	《北京市城市更新条例》	2023 年 3 月
	《2022 北京城市更新白皮书》	2023 年 4 月
上海市	《上海市城市更新实施办法》	2015 年 5 月
	《上海市城市更新规划土地实施细则》	2017 年 11 月
	《上海市城市更新条例》	2021 年 9 月
	《上海市城市更新操作规程（试行）》	2022 年 12 月
重庆市	《重庆市城市更新管理办法》	2021 年 6 月
	《重庆市城市更新技术导则》	2022 年 3 月
	《重庆市中心城区城市更新规划》	2021 年 9 月
	《重庆市“三师进企业 专业促更新”行动方案》	2023 年 2 月
广东省 广州市	《广州市城市更新办法》	2016 年 1 月
	《广州市城市更新总体规划（2015—2020 年）》	2017 年 1 月
	《广州市旧村庄更新实施办法》	2016 年 1 月
	《广州市旧厂房更新实施办法》	
	《广州市旧城镇更新实施办法》	
	《广州市城市更新专项规划（2021—2035 年）》	2024 年 1 月
	《广州市旧村庄旧厂房旧城镇改造实施办法》	2024 年 5 月
广东省 深圳市	《深圳市城市更新办法》	2012 年 1 月
	《深圳市城市更新办法实施细则》	
	《深圳经济特区城市更新条例》	2021 年 3 月
湖南省 株洲市	《2021 年株洲市城市更新行动计划》	2021 年 4 月
湖南省 长沙市	《关于全面推进城市更新工作的实施意见》	2021 年 4 月
湖南省 湘潭市	《湘潭市城区城市更新工作方案（2022—2025 年）》	2022 年 4 月
宁夏回族自治区	《宁夏回族自治区城市更新技术导则》	2023 年 2 月
宁夏回族自治区 银川市	《银川市城市更新三年行动实施方案（2021—2023 年）》	2021 年 8 月
辽宁省	《住房和城乡建设部 辽宁省人民政府共建城市更新先导区合作框架协议》	2020 年 12 月

续表

省市	办法文件	印发 / 施行时间
辽宁省	《住房和城乡建设部　辽宁省人民政府共建城市更新先导区实施方案》	2021 年 6 月
	《辽宁省城市更新条例》	2022 年 2 月
云南省	《云南省人民政府关于统筹推进城市更新的指导意见》	2020 年 11 月
	《云南省城市更新工作导则》	2021 年 2 月
甘肃省　兰州市	《兰州市城市更新办法》	2022 年 4 月
安徽省	《关于实施城市更新行动推动城市高质量发展的实施方案》	2021 年 12 月
陕西省　西安市	《西安市城市更新办法》	2022 年 1 月
四川省　成都市	《成都市城市更新设计导则》	2023 年 1 月
河北省	《河北省城市更新工作指南》	2023 年 4 月
	《河北省城市更新工作衡量标准》	
	《河北省城市更新规划编制导则》	
河北省　唐山市	《唐山市城市更新实施办法（暂行）》	2021 年 12 月
江苏省	《关于实施城市更新行动的指导意见》	2022 年 4 月
	《江苏省城市更新行动指引（2023 版）》	2023 年 4 月
江苏省　南通市	《南通市中心城区城市更新三年行动实施方案 2022—2024 年》	2022 年 6 月
江西省	《江西省城市更新规划编制指南（试行）》	2022 年 10 月

注：统计时间截至 2023 年 12 月。

以济南为例，市政府以“城市美学”理念为引领，积极出台《济南市城市容貌标准》，通过立法保障推进城市精细化管理，推出一系列行之有效的关注街道美学的提升措施，全方位激活了街区界面的活力。例如：精心维护临街建筑立面和城市家具品质，及时修复更新污损的各类设施，维护整洁的街貌秩序；尊重老字号和连锁店的商家牌匾标识个性化需求，坚决杜绝“一刀切”的政策；重塑夜经济的繁华，通过灯光吸引人气，鼓励能反映泉城深厚文化底蕴和彰显城市形象的灯光表演。

2. 体检先行

每个城市都是有机的生命体，在对其开展城市美学更新工作之前，务必要高度重视并及时进行深度评估的环节，即“城市体检”。住房和城乡建设部发布的《实施城市更新行动可复制经验做法清单》中明确了要将城市体检和城市更新紧密衔接。只有定期开展体检，进行系统性检查，明确优势，梳理出该城市的问题清单、资源清单、需求清单等，才能及时发现病灶、进而诊断病因、对症下药，确保城市在转型发展中有的放矢。

2019 年，国家在 11 个城市开展试点城市体检，2020 年追加 36 个城市开展城市体检评估试点，随后 2021 年规模扩大到 59 个城市，范围覆盖直辖市、计划单列市和省会城市。体检围绕“生态宜居、城市特色、交通便捷、生活舒适、多元包容、安全韧性、城市活力和社会满意度调查”8 大主要方向对自身进行检查和评估，并以“年度体检报告”的形式对社会公布。

城市美学更新是多维度视角的一项工作，具体项目的推进和实施涉及部门众多，全域资源摸底和规划统筹与制度建构应进行空间联动，双方建立约束与激励的双重保障。上海开展了市、区两级城市体检评估，建立由“体系构建—数据采集—计算评价—诊断建议—行动落实”等 5 个环节构建的城市体检闭环流程。重庆市开展了城市更新专项体检，建立“摸家底、纳民意、找问题、促更新”的城市体检成果运用模式和“边检边改”的工作机制。湖南省长沙市更是坚持“无体检不项目，无体检不更新”，采取“六步工作法”——开展城市体检、完善组织机制、编制规划计划、分类实施更新、实施动态监测、发布宜居指数，将城市体检作为城市更新项目实施的立项前置条件，对症下药治理“城市病”。

体检工作完成后需要建立评估机制，用以衡量更新改造的成效，根据大众的认可度和满意度，推选出优秀更新样板进行广泛宣传。同时，还要同步完善大数据平台的建设，即建立“城市体检评估信息系统”，协同城市数字化管理等多平台数据库对信息实行统一收集、统一管理、统一报送的流程。

经过长期的探索，我国已基本形成城市自体检、第三方体检和社会满意度调查三种形式相结合的城市体检评估机制，具体工作包括数据采集、分析论证、问题诊断等环节（图 2-20）。在此基础上，各个城市结合自身发展现状开展了多种专项城市体检，例如，安徽省开展了城市排水防涝体检，广东省部分城市开展了安全韧性专项体检等。

3. 共同营造

涉及城市更新的项目往往实施周期长，资金来源渠道有限、收益不高，政

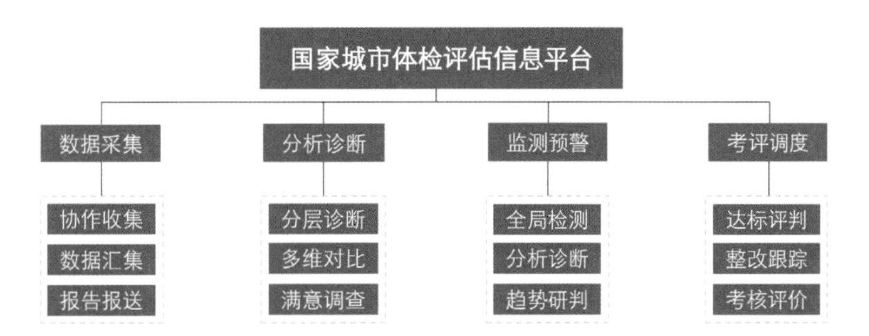

图 2-20　国家城市体检评估信息平台工作流程

府部门既要协调群众多样诉求，还要充分调动社会资本参与积极性。国内城市美学更新的主流模式中，无论是政府主导、市场主导、公私合作、共同治理等，都离不开各个权益主体的通力合作。所谓“管理有制度、技术有规范、市场有规划”，指的是由政府负责协调职能，统筹机构负责协调专业，基层组织负责协调百姓的真实需求。

运营前置、一体化运作是共同营造的关键。具体来讲，就是策划要先行，运营要前置，然后规划、建筑、市政、景观要一体化，要形成团队，多专业多工种一体化。城市美学更新工程的工作体系和运营模式都是需要各个城市在实践中不断探索和完善的。拆改过程中权责的划分、各方行业资源的统筹、审批环节的整合、多元主体（产业方、运营商、金融机构、社会资本方、专家保障团队、原住居民代表、街道办事处等）的共同参与等都需要具体问题具体分析。所以城市美学更新项目顺利推进的核心就是构建政府主导、多元市场主体共同参与、社会各界和人民群众协调支持的“共同营造”治理模式。其内涵可从“多元主体的充分协商、多个专业的协同合作和多种需求的统筹兼顾”三个侧面解读：

1）多元主体的充分协商

非单一主体的属性决定了城市美学更新的空间实践是一项复杂的工程。政府部门、公共大众、开发投资者、土地权益人、建筑物所有者等都属于共同主体。在参与过程中，统筹方要明确各参与主体的工作边界与职责义务，持续探索不同利益主体之间相互促进、相互制衡的综合模式。

政府部门是社会公共利益的代表，主要发挥着宏观调控的作用，在城市建设和发展中具备较强的话语权。政府部门一方面致力于通过改善区域基础设施、空间规划等提升居民生活品质，打造优质城市品牌；另一方面也希望通过一系列惠民惠城措施增加财政收入，赢得民心。

政府部门应谨慎、合理地分配更新实施环节中各方权利的权属，发挥政府强有力的统筹协调作用、市场在资源配置中的积极推动作用，充分调动各方力量，将群众的满意度作为衡量城市更新工作到位与否的重要标准。同时基层行政队伍也要逐渐专业化，提高公共资源使用和调配能力。政府基层部门例如街道办事处、乡镇人民政府等，应通过社区议事厅等多种方式，搭建起协商平台，畅通公众参与渠道，充分了解群众的需求，听取意见和建议。在这样的决策共谋、发展共建、建设共管、效果共评、成果共享的流程引领下，居民对小区和街道，乃至城市建设的归属感和成就感会得到显著提升。

公共大众是城市更新中占比最高、最为核心的主体，但同时在话语权的争夺中处于相对较弱的群体。但随着政府治理城市观念的转变、社会组织的完善，居民的诉求越来越得到重视。正所谓“人民城市人民建，人民城市为人民”。建设美好城市、实施城市美学更新要充分考虑街区的温度，倾听市民的声音。

共建的力量来自群众，共治的智慧源自群众，共享的成果归于群众。北京市和上海市在城市更新条例中也都提出建立并健全公众参与机制，充分保障公众知情权、参与权和监督权。上海市探索出“政府引导 + 市场运作 + 公众参与”的可持续实施模式，充分倾听和采纳群众的真实诉求，尤其主张多元主体共同进行参与式设计和后续实施环节。

居民全过程深度参与城市体检、更新改造和更新运营，有助于推动“共建共治共享”的社会治理格局，构建美好城市治理体系。在《北京市城市更新条例》立法调研过程中，北京市人大组织开展“万名代表下基层”活动，先后有 7.6 万余名市民群众对条例提出了意见建议，整理汇总 10 272 条，为立法工作顺利推进奠定了坚实的群众基础。在江苏省昆山市的城市更新工作推动中，以老党员、业主委员会代表、外来人口代表、社区工作者、商铺经营者等为核心，共同制定议事规程，多项工作交由居民决策，辅以专业技术指导，做到了社会各个群体的共同参与并出谋划策，参与城市更新规划编制、政策制定、民主决策等环节，有助于加深各个城市主体对城市美学的理解，为建设更美好的城市空间协力同心。

开发投资者作为私营部门，通常以最大限度的商业获益为行动标准，同时适当兼顾公共利益。资本的逐利属性要求政府需要制定对应的激励和约束政策以规范开发投资者群体的行为，例如：多规划公共空间和景观绿化，可在容积率上获得一定的奖励等，使得开发商在保证商业利益的同时，市民的权益也能得到一定的保障。

日本政府颁布的《都市再生特别措置法》中提及，对于政府和民间合作共同创办的组织或机构，其提出的对城市空间的改造提升方案，政府应在政策、指标等方面给出相应的鼓励支持与引导约束。例如：政府允许企业或机构通过增加公共服务配套设施或广场绿地等方式来换取容积率提升的奖励。这种由民间主导、政府支持的“官民合作”模式在日本取得了非常显著的成绩。

近年来，城市建设相关领域中涌现出多种形式的民间组织、中心或协会，定期以组织召开会议和论坛的形式探讨行业发展方向、分享各地成功经验，以及未来协作机制等，但目前主要集中在学术讨论和政府规划两个层面。各级政府作为官方统筹，应该积极统筹好各种社会机构和行业自发的组织，共同打造世界范围内城市更新的标杆和典范。广州市于 2015 年 2 月成立了城市更新局，是我国第一个设立城市更新机构的城市。深圳市、济南市、东莞市、湛江市、中山市、佛山市、哈尔滨市、上海市、武汉市、珠海市等城市也相继成立了城市更新机构，其主要功能更多在于和其他政府职能部门配合，完成备案、审核等工作。

民间机构组织或者行业协会等专家学者为各类美学更新项目提供专业指导和建议。尤其面临重要区域的重大美学提升工程时，政府应组织专家评审会研讨论证方案。上海市政府成立了旧区改造专家委员会，建立了专家工作机制、拓展专家工作方式，畅通专家建言献策渠道、确保专家意见发挥实效。旧区改造专家委员会的组成成员多为在各自领域具备较高影响力、作出突出贡献的专家学者们。整个专家团队充分发挥专业指导和技术支撑作用，协助政府管理部门更准确地把握城市发展更新与历史文脉保护的关系、更有效地处理经济增长与改善民生的关系。

2）多个专业的协同合作

多个专业的协同合作是另一个重要环节（图 2-21），产业研究、城乡规划、城市设计、海绵城市和交通规划等多学科方向、创新理念和新技术对城市美学更新体系的构建提供着持续原动力，因而对一个多学科、多专业、多部门协作的机制至关重要。通过规划政策的建构与不断创新，在规划技术、精细化设计、

图 2-21 多个专业研讨会

多专业融合、空间综合治理等方面深入探索，城市更新项目的推进对协同合作的要求越来越高。

更新项目中需要各专业的积极参与、相互协调和凝聚共识。考虑到各个专业对项目把握的侧重点不同，对美学的认知也存在差异，所以在美学更新项目中，我们要避免仅从单一专业角度出发考虑问题，而是布局全生命周期进行协同考量，最终形成以落地实施为目标、兼顾科学合理性和高能高效性的方案成果，促进多元目标的实现。

在江西吉安永新古城的更新实践中，“重见永新——古城再生计划”的成功推进便离不开多个专业的协同合作。通过针灸式改造的理念进行建筑节点改造与街景空间营造，织补古城功能、提升古城环境；通过花艺等艺术化手法，以美为媒，营造古城艺术氛围，激发居民共同营建美好家园的积极性；通过非遗设计周等文化事件，带动产业发展、构建永新县域美学，实现文化复兴和经济发展。

3）多种需求的统筹兼顾

城市更新绝不是关起门来做，要共建、共治、共享。因为更新的每一块地方可能都有产权和业主，不同的利益群体就会从不同的出发点提出不同的需求。我们有政府帮助，引导社会资本进入，让老百姓参与进来，这样最终更新项目才能得到有效推进。更新要做的就是让片区的原有资产通过设施的完善、环境品质的提升实现增值，同时要把新的业态、活力激发出来。

以南京的老旧居住区小西湖更新为例，由于南京市的城市风貌区规划很严格，禁止随意拆建，但破败不堪的老城区让百姓苦不堪言。所以政府委派东南大学的设计团队进行挨家挨户地上门征求意见，充分倾听市民的各种不同需求，最终形成了“一院一策”的工作方法。整个片区经过盘点，一些国有资产由政府统一规划盘活，例如闲置的仓库、书店、工厂。一些业主决定搬离的私有住房，政府按照市场行价进行收购再二次开发改造，进而产生收益，反哺前期收购的投入。还有一些不愿搬离的私人业主，倾向于自己投资或者与政府共同出资改造的，设计师为他们量身定制了最小成本、最大效益的方案，最终整个片区的城市肌理文脉全部得到保留。

2.2.3　未来美学的趋势预判

从“城市管理”逐步转向“城市治理”，从“城市开发”转向“城市运营”，从“城市增长”转向“城市生长”是城市美学更新行动相比于过去城市改造运动的主要理念升级，同时也是国内外城市未来发展的共同趋势。因此，我国应加强形势研判，把握机遇，才能破解城市难题，在未来国际城市发展的洪流中赢得主动权和话语权。

未来对城市的治理应当是有弹性的、人性化的和可持续的。思考城市的美学标准也应该与时代的审美需求相结合、与城市的治理理念相结合、与人群的流动轨迹相结合。随着土地用途的变更、开发强度的变更，土地利用价值也应得到显著提升。每座城市都具备无限的包容性，要做到“分类分级分型指导、分途径分强度分时机管理”，还原城市中不同类别的美，做到美得各有特色，各有风情（图 2-22）。

城市美学更新不只是城市建设和管理方式的优化升级，同时也是未来城市治理的重要内容。城市的顶层设计不只是在经济、社会、人口等指标上布设整体谋略，除了目标方向要把握准确，各种底线也要筑牢。城市风貌的塑造、城市品牌的树立、公共服务设施的完善、历史文化资源的保护和修复等这些也关乎着城市的美学品质。未来的城市空间，无论从形式、功能、人文还是文化的表现来看，都应该是更开放、更包容、更多元的。

1. 形式美学——百花齐放，和而不同

在网络媒体的时代背景下，地标建（构）筑物、猎奇艺术装置等往往能引

（a）

（b）

图 2-22　华熙 LIVE 街区风貌展示（上图）

图 2-23　形式美学（下图）
（a）爱情许愿墙；（b）浪漫爱情阶梯

起更多社会的关注和人们的讨论，“最高的建筑”“彩虹跑道”“最大的雕塑”等一经推出，人们便趋之若鹜。但城市是一个复杂的空间体系，体系最重要的是协调有序。天际线、建筑、景观、城市家具、人等都有各自的尺寸约束。我们评判一座城市是否宜居，除了人文的主观因素，客观因素主要就是体验穿行其中的舒适度、比例感和平衡感。任何一项元素都是依存于周边的环境，无法割裂地去将其单独更新或发展。所以未来城市空间，一定是在整体协调的背景下百花齐放、各自精彩的。城市美学是不同形式和风格的构筑物的自由发挥，各种体裁文化艺术的交相辉映（图 2-23）。

2. 功能美学——行之有效，务实去华

城市美学更新需要建立在功能的基础上，形式主义空洞的美是无法在城市发展中被保留下来的。城市历经成百上千年沉淀下来的形态与功能，我们不能以单纯个人审美判定其存在的必要性与美丑的评判。建筑、景观、店铺招牌等都有自身附带的功能属性，对其的美学提升，首先应保证其自身功能的延续。

与功能对应的是不断升级的人们的需求，以需求为导向的功能美学设计才是未来更新的正确方向（图 2-24）。

3. 人文美学——以人为本，关怀备至

19 世纪的芝加哥爆发过一次“城市美化运动”，这一运动后来风靡西方国家。很多城市为了“美化”将大量人力、物力、财力投向广场和绿化项目，使得政府财政难以为继。同时部分大型项目反而降低了市民生活的便捷性。这说明单纯追求所谓“美”是不适宜的，对“美”的追求要与人的需求和经济发展水平相契合。城市美学更新应该要更加注重人的体验和互动，关注体验感和沉浸性（图 2-25）。

4. 文化美学——传承文化，对话时代

特色的自然环境与风土人文都是展现城市美学的重要切入点，因此保护现有的自然环境资源，积极塑造浓郁的社会文化效应，加强与邻域的合作，借助时代的创新渠道，力求实现美学特色的互通，才能准确推演出专属的城市美学特色建设发展框架。美学框架的构建要坚持保护与传承、文化与创意、智慧与创新、开放与交流、宜居与宜游的综合考量（图 2-26）。

（a）　（b）

（a）　（b）

图 2-24　功能美学（上图）
（a）店铺招牌；（b）建筑立面

图 2-25　人文美学（下图）
（a）文化景观；（b）场景雕塑

图 2-26 文化美学——驼铃古道

5. 智慧美学——量体裁衣，便宜行事

在智慧城市、网络强国和国家大数据战略布局下的大数据行业，其在经济调节、市场监管、社会管理、公共服务、生态环保等方面都功不可没。数字化的城市管理、数字政府的建设、一体化政务大数据体系的建设等都离不开大量的数据采集、问卷调查、现场调研等前期基础工作。未来项目库的资源和信息会形成一张网络，多方主体实现实时联动机制，相信会碰撞出若干合作项目的新模式、新思路，以及新成果。

西安在城市更新中及时进行了项目分类整理、经验总结、全程记录等工作，从“一块地”到项目库包含“老旧小区改造”“既有建筑改造”“公共服务设施补短板”“新型城市基础设施建设”“特色风貌塑造”等各种细致全面的分类。整个项目库将城市更新的全流程详尽地记录并分析，从单一土地开发到匹配项目库制定对应融资渠道，甚至囊括到回款来源的环节。

城市更新项目库的建立是为了实时监测、实时动态管理，分类调配资源，根据实际工作开展情况及时补充和调整。同时主动对接国家政策、落实国家方针，在重大项目谋划工作中早谋划、早动手，加快基础设施补短板，着力建好储备库、建设库、达效库，加强督办检查，保证各项目建设的质量和进度。

因此，未来城市的发展建设，高精度的数据统筹显得尤为重要。数据的统筹管理机制、共享供需对接、支撑应用水平方面也需持续提升，数据的安全性需要逐步完善的相关立法规范来保障。加强数据汇聚融合，共享开放和开发利用，促进数据依法有序流动会是未来的趋势。在城市美学的指导下，通过实际项目的落地带动城市发展，以人民的需求和城市的需求为导向、实际应用的领域和功能作牵引，有利于因地制宜地提升城市风貌。

根据观察审视当下城市发展的趋势和社会关注重点的转化，一座城市只有找准自身的优势，精准定位，进而打造特色的城市品牌、特色产业、优势产业带动全城全行业发展，坚持完善长效运营模式才能在未来国际城市发展的洪流中劈风斩浪，奋勇向前。

2.3　城市更新的美学场景

2.3.1　城市记忆与时代元素的碰撞

文化的传承是城市美学更新的重中之重，我们不仅要有“拆旧换新”的物质变化，也要抱有“以美育人”的精神追求。随着科技的进步，世界在加速变化，人们对未来充满了不确定性和焦虑。那么在快速变化的世界中反观我们人类是很渺小的，但是一旦回到小时候熟悉的场景，心很快就能安定下来。我们有意无意地在寻找的一种心灵的慰藉，就是所谓的“乡愁”。城市记忆的范畴很广，已知城市的各种自然资源、建筑景观、民俗习惯，乃至重大事件活动等这些市民共同见证的公共行为的演变都可以称为这座城市的专属记忆。随着时间的沉淀和发酵，这些记忆被一代又一代的市民传承发扬，可能抽象演变为一个词语、一句口号、一种技艺或者一个趣闻，这些都可以看作是文化脉络在当下时代语境中的重新演绎（图 2-27）。

图 2-27　“家训”文化的传承

城市美学更新时效性较长，发生在当下，延及至未来，所展现的更新手法、艺术元素充分反映了当下社会舆论、审美品位、科技成果等，与所处时代的发展水平同步更新。它是一个动态发展的过程，是与城市历史对话、与留存建筑对话、与文化风俗对话，更是与现在、未来使用的人群对话的过程。

城市美学更新要兼顾“城市形象的建设和人民生活的舒适”双重角度梳理视觉秩序。相比城市更新的速度和规模，物质更新的质量和人文关怀的温度更加值得重视。因此更要严格控制大规模的搬迁拆建，防止城市风貌变形走样，不改变社会结构，不割断人、地和文化的关系。江苏省昆山市的更新行动，将传统“城市硬件增容”观念转变为“城市品质提升”，将历史遗迹、文化古迹、人文底蕴视作城市生命的一部分，注入老城文化元素，打造“亭林印象”视觉主题，让居民走出家门即可品读老城历史。同时此次更新行动还将住区改造与街区更新相结合，实现“围墙”内外的联动与对话。这种“就地更新”“就近更新”的模式最大限度地保留了既有建筑和老城格局尺度，延续了城市的特色风貌。

绣花织补老街区，微改焕发新活力，这是老城更新的最有效办法。江西省吉安市永新县按照“要多采用‘微改造’这种绣花功夫，让城市留下记忆，让人民记住乡愁”的要求推进实施城市更新行动，利用以小尺度、“微改造”方式为主的“针灸式”改造，做到“四个保留、四个更新”，用局部激活整体，实现空间的转换，让永新县焕发新的活力。通过改造，新的产业植入进去，空间品质得到提升，配套设施得到完善，关键是社会治理机制建立起来，打造居民共同参与城市管理的平台，成立共同缔造委员会等社会机构，这就是党中央实践所提出来的绣花功夫，老城市实现新动力。通过保留城市肌理、城市记忆、城市生态和城市温度，在功能、形象、业态和景观等多层次对城市进行文化复兴，让城市还原历史记忆的同时更有烟火气，让居民感受城市的温度（图 2-28）。

图 2-28　江西省永新县，城市更新
（a）建筑立面微改造；
（b）景观微改造
（图片来源：由都市更新（北京）控股集团有限公司，提供）

（a）

（b）

河南省郑州市的平等街原名“道学胡同”，总长 300 余米。从 2019 年开始，经过 3 年的综合整治提升，平等街从一条默默无闻、不被关注的小街道摇身一变成年轻人喜爱的国潮街区。陶瓷、核雕、泥塑等一系列非遗项目产业被引入街区，店铺的招牌和立面别具特色，随手一拍，好似在美术馆或者博物馆里，将历史的古朴与潮流的创新很好地合二为一，吸引了大量游客来此打卡、体验非遗文化艺术。这只是郑州市管城回族区规划布局的商代王城遗址板块的游览第一站，后续还将陆续推出梨花巷、南学街等系列历史文化街区，提供联动整个区域的游览体验，造福了游客和百姓，同时也提升了城市的品牌形象。

在广东省深圳市这座国际大都市的闹市区，隐秘着一座历史悠久的“城中城”——南头古城，曾是历史上重要的政治、军事、经济和文化中心，交融着南粤文化与中原文化的印迹。

在大量人口涌入的社会背景下，如何厘清“城中村”和“古城”的关系成为全面激活古城文化复兴的关键。2019 年 3 月，由深圳市南山区人民政府主导的南头古城“蝶变重生计划”正式启动，改造方案通过文化展示、历史轴线、活化建筑等主要设计手法，通过“点线面”有机串联起不同的功能文化片区，营造出丰富多元的社区空间。

文脉的重新演绎是南头古城此次更新的亮点——南头精品文物展、海上丝绸之路外销瓷器展、精品牌匾展、文物修缮工艺工作室、沉浸式南头历史互动体验展厅、港澳同源文化展等文化展现平台，让传统的城市文化与现代艺术设计、创意空间相结合，共同焕发全新的能量。街巷间的门头牌匾被专门收集到“牌匾故事馆”中，结合插画形式复原的场景再现，让市民重拾城市记忆，让游客体验地域特色。公共广场的打造，更多地结合当下民众的生活习惯和户外需求，成为年轻人心中的假期打卡胜地和岭南特色文化体验地，让文化遗址真正做到了“活”起来（图 2-29 ~图 2-32）。

2.3.2　智慧可持续发展的空间演绎

随着城市工业化、城市化、科技化的快速发展，随之而来的城市病——环境污染、资源短缺、交通堵塞等问题开始凸显，如何建设宜居城市、智慧城市，以及可持续发展的城市，推进城市治理体系和治理能力的现代化，成为人们持续关注讨论的课题。城市美学的理念本身包含了更舒适、更协调、更智慧的含义，

有助于我们依托多元的城市发展观，从方法论的高度去科学合理地规划并管理城镇，优化调配各项资源，最终促进市民的幸福感提升和城市的可持续发展。城市的智慧化水平越高，美学体系相对也越完善，人们的幸福宜居指数也随之越高。因此，城市美学体系与城市智慧空间相辅而成，互相促进。

图 2-29　南头古城街巷对历史风貌的保留（上左图）

图 2-30　南头古城牌匾故事馆中的多元店招牌匾（上右图）

图 2-31　南头古城公共空间的改造提升（下左图）

图 2-32　南头古城提升后沿街商铺立面（下右图）

在空间实践层面，公共空间的艺术化打造是城市空间中美学展现和植入的一个重要侧面。《成都市城市更新设计导则》中大胆提出采用 VR（Virtual Reality，虚拟现实）、AR（Augmented Reality，增强现实）等技术，打造沉浸式元宇宙线下展厅，结合特色建筑的不同空间节点和活动组织，新旧结合、虚实共生，发挥特色建筑在城市公共空间环境改造中的艺术美学价值（图 2-33）。

各种公共设施的智慧板块的植入也为城市美学更新提供了更多场景落地。在大数据、人工智能等新技术的支撑下，城市基础信息模型逐步立体、准确和真实，保障了城市的规划建设与实际发展不脱轨，营造的智慧场景也逐渐贴近人们的急切需求和所思所想。“智慧平安小区”“智慧工地”“智慧立体停车楼”“智慧公厕”等种种空间中的智能化实践逐步投入运营，切实提

图 2-33　与互动技术结合的公共艺术（上图）

图 2-34　智能垃圾桶（下左图）

图 2-35　智能泊车立体停车场（下右图）

升了城市品质和居民幸福指数（图 2-34、图 2-35）。一网统管的摄像头、红绿灯等公共交通设施、能自动报站、感应气温升降的智能公交车站、根据车流量自动节能的智能路灯等公共服务类设施、内置屏幕和程序与人互动的公共艺术装置等，都是构建丰富多元的生活空间的重要组成因子。

在政策引导层面，2013 年住房和城乡建设部办公厅公布了首批国家智慧城市试点名单，把 90 个有能力向智慧化发展升级的城市作为示范，以科技创新为支撑，着力解决制约城市发展的各个现实问题，探索城市实现可持续发展的科学途径，做好成果应用的示范和推广。在立法规范层面，智慧化领域近年来取得了显著的发展。国家于 2019 年陆续发布了国家标准《智慧城市　建筑及居住区综合服务平台通用技术要求》GB/T　38237—2019 的建设规范、评价标准等。

青海省玉树藏族自治州编制了《玉树市新型智慧城市总体规划方案（2020—2022年）》，以“数据驱动、智慧引领，构建玉树1+2+N体系”为总体规划，具体包括1个数据平台，即城市信息模型（CIM）基础平台；2个中心，即城市大数据中心和城市指挥中心；N个应用，包含城市管理精细化、公共服务便捷化、特色产业现代化、城乡环境绿色化四大专题；以及具体的城市应用体系。一系列举措的推出为玉树成为“青海和西部地区一流的智慧城市典范”提供了方向指引。

在政策转化层面上，我们需要加强科技创新平台建设，进一步提升科技成果的转化率，深化同国际科技及技术的交流合作，促进国内行业的发展及其所发挥的引领支撑作用。重庆市正在逐步贯彻落实“四个一”的智慧管治街区思路，城市运行“一网统管”、政务事项“一网通办”、应急管理“一网调度”、基层治理“一网治理”等目标。一套合理的、系统的城市规划根植于海量基础街道数据的整理核算，因而在真正实施城市管理过程中，数字化信息平台大幅减少了人工工作量，提升了数据的准确性和延展性，还有效规避了容易忽视的各种死角问题，解决了各种隐患。智慧化的操作界面更清晰直观、数据信息更准确全面、操作界面更简洁美观。

纵观智慧园区、智慧街道、智慧楼宇等运行逻辑，我们可以将其工作原理解读为基于AR实景地图，有效整合区域空间内基础物联、科技服务、运营支撑等业务数据、在线监测数据及视频数据等分项内容。通过数据与视频结合的展现形式，展示园区重点监管区域的实时监测数据、视频及风险预警信息。实现全方位、立体化的园区综合监控，满足区域空间内安全运行的精确化管理调度和研判应用的需要（图2-36）。

图2-36　一网统管的操作界面

天津市滨海新区的“101 个老旧小区改造工程”将绿色生态、智慧社区、海绵城市引入社区，同时还根据实际需求引入智慧道闸、共享充电桩、健身器材、智能安防等“智慧化”设施、无障碍和适老化设施、景观休闲空间等便民设施，切实让市民享受到科技带来的生活便利。江西省南昌市的许多社区通过建立智慧化云平台，提高居民垃圾分类的积极性，攒积分兑换礼品的方式激励居民重视垃圾分类。具体操作层面，由街道综合采取云计算、大数据、互联网、安防视频和工业控制等相关技术，通过智能终端感知设备进行数据采集、挖掘、分析及处理，建设统一的管理信息共享平台，实时监管人、车、物、事件全过程，提升垃圾分类质量、降低垃圾分类运营成本。相关小区的物业服务人员用张贴公告，以及宣传通知等方式，告知居民以智能垃圾箱为定点、在规定时间正确投放分类垃圾，可获得积分。居民账户内的积分可以兑换洗洁精、洗手液、抽纸、牙膏等小礼品，以供居民日常使用，受到好评。

“居住”的问题有了智慧解决方案，“出行”的难题也正在逐步被智能化破译。城区停车位紧张，一直是大多城市快速发展附加的棘手问题。山东省威海市将 50% 的公共停车场停车泊位纳入智能停车管理系统，交由“大数据”统一管控。依托物联网、移动互联网等技术，威海市正在打造互联互通的一体化智能停车管理信息系统，构建“全市一个停车场”，实现停车服务便捷化、运营管理精细化、行业监管规范化、分析决策科学化。

为了深入推进我国智慧城市试点工作，借鉴欧洲智慧城市建设的理念经验，“中欧智慧城市峰会”在上海召开。近期智能建造试点城市也开始征集遴选，旨在加快推动城市美学更新与新一代信息技术的深度融合，拓展数字化应用场景，形成可复制并推广的政策体系、发展路径和监管模式，最终起到示范引领作用。

2.4　城市更新的美学传播

2.4.1　更新范式的营造

新时代城市美学更新的价值致力于寻求城市美学、乡村美学与生活美学的平衡，致力于探寻人与物、人与环境、人与人之间的相互联系。因此，一套完整的城市美学更新范式应兼顾多重关系的并行。更新范式的营造需要从项目背景、片区体检、策划依据、发展目标、片区更新整体指引、具体的更新项目指引、功能完善效果、效益评估、实施计划、运营维护等各个环节全流程的把控。

英国金丝雀码头、国王十字车站街区之所以能成为全球范围内城市更新的标杆案例，长久焕发活力，不仅得益于与城市现状高契合度的设计理念，政府助力的城市更新制度和机制也发挥着至关重要的作用。例如对于土地房屋资源的估价，不单纯是要考虑土地的面积大小和所处地段价值，而是综合考虑其功能、空间、历史人文等多种元素，充分体现出多要素融合的特点。

国内城市的更新，政府也同样发挥了不容忽视的主导与引领作用。西安市的“两保 · 三高 · 一张图 · 一本账”的特色思路，按照“政府引导、企业发起、社会参与、片区合作”的原则设立 100 亿元城市更新基金，来保驾护航城市美学更新行动的推进。表 2-4 全面覆盖了西安市的城市问题，建立了历史文化为城市主导定位的古城更新范式。

“两保 · 三高 · 一张图 · 一本账”内涵 **表 2-4**

原则	内容
“保文化”	历史建筑、文化遗址、建筑风貌特色等
“保生态”	公园绿地、城市绿道、海绵城市打造、生活垃圾、绿色建筑占比等
“高质量发展”	产业基础、人才、停车、居住单元规模、单位产业用地值等
“高品质生活”	教育、医疗、老年服务、文体设施、集中供暖、路网密度等
“高效能治理”	公共基础配套、排水系统、应急避难场所、消防设施、人防等
“一张图”	划定范围，确定更新单元格，用体检评估做基础，画出“留改拆”的一张图
“一本账”	根据故事 + 图，做“片区大账”，用测算结论反推演片区划定的合理性

“两保”中的打造特色建筑风貌，增加城市绿廊和绿色建筑是构建街道美学的重要环节，“三高”中的居住单元规模、公共基础配套、文体设施等项目的完善推进了生活美学的全面普及。“一张图”和“一本账”更是呼应了城市美学的系统性和整体性要求，稳中求新，扎实更新。

城市美学更新除了要有人性的“温度”，也要塑造城市的“亮点”，在改善民生的同时，提升城市发展能级。西安市易俗社文化街区是国内唯一以秦腔戏剧为主题的特色文商旅游街区。园区以城市更新机制和文化保护协调为重点，以秦腔文化为核心，延展出秦腔艺术展演、中外戏剧交流、戏曲教育传承、文化创意等产业。周边分布着多元的业态，包括了古戏楼、艺术博物馆、西安老字号商业聚集区，怀旧展示区，易俗社剧场大刷院、青曲社、Live House 等。

“一江一河”是上海市城市发展、工业文明发展的见证，能唤醒人们对城市工业文明的记忆。近年来，上海市人民政府聚焦“一江一河（黄浦江和苏州河）”，加快推进城市空间开发，不仅集聚了经济的核心功能，还注入了步道、游船等新元素，甚至打造了一种全新的“沉浸式消费”的工业旅游深度体验主题旅游线路，即通过高科技的 3D 全息影像建模的手法，使民众在虚拟影像中与过去工业化场景实现对话和互动，带领大家走进一个被历史淹没的时代和场景，使得展览变得鲜活有趣。各种尝试不仅兼顾了民生，还为承载未来功能的空间品质的打造奠定了坚实基础，塑造了充满多样魅力的上海市（图 2-37）。

便民功能、文化特色、生态韧性、智慧科技、业态升级等同属于城市美学更新关注的重要领域，它们共同组成了这座城市的城市美学更新体系的主要框架。每一个领域都可以展开细化，例如“生态韧性”，我们可以理解为针对开敞空间，提出重构韧性体系，对现有未利用的低效场所进行生态景观化打造，补齐生态基础设施建设短板；或者综合考虑竖向设计，在区域尺度上改造低效场所为生态基础设施用地。最后结合区位特点和城市发展需求，融合价值共识、空间策略提出运营理念。那么，一个区域想要升级，如何切入、组织、实施，以及后期维护等，下文以永新古城为例进行详细剖析：

图 2-37　上海城市夜景

历史文化街区更新——永新古城更新

江西吉安永新古城以文化为引领，通过设计、文化、艺术、产业、资本、运营六位一体推进古城复兴的模式，对各地城市更新很有借鉴意义。永新古城位于江西省西部，是中央苏区县、井冈山革命根据地的重要组成部分，同时也保留着传统县城山水格局和街巷空间肌理。但随着现代化的不断推进，古城逐渐破败萧条，面临着建筑老化、基础设施陈旧、人居环境恶劣、文化凋敝、产业落后等诸多问题。遂古城的更新以“文化引领”作为更新策略，以“重见永新·共同缔造”为主题，以“制造新事件、塑造新业态，重造新社群、创造新福祉”为目标，整合重组当地的资源、文化和产业等各方优势，在改善人居环境品质与公共服务的同时，活化利用县城的特色历史文化资源，以文化旅游带动了县域经济的发展，唤醒永新人民文化自信，打造古城品牌，让永新古城重新焕发生机与活力（图 2-38）。

主创团队都市更新（北京）控股集团以“大师工作营”的操盘模式，汇集策划、规划、景观、建筑、文化、美学等多个城市更新领域的顶尖专家，保证了空间的多样性，形成跨界融合的开放式工作平台，共谋永新古城城市更新的发展策略和实施路径。

图 2-38 永新古城更新前后对比图

“大师工作营”模式可细分为以下五个环节：

1）规划层面的“共谋”——“多方参与下的小规模渐进模式”

主创团队尊重县城发展规律，探索政府、市场、设计师、居民和社会团体等多方参与下的小规模渐进式保护更新，结合自上而下的把控和自下而上的行动来共同缔造美好环境和幸福生活。并围绕着与人民生活息息相关的新事件、新业态和新社群，通过“六位一体（设计、文化、艺术、产业、资本、运营）”的推进模式，搭建更新全过程操盘体系。

2）创作层面的“共建”——多专业集群设计参与的城市美学重构

众多知名设计师、专家学者共同参与，通过针灸式改造的理念进行建筑节点改造与街景空间营造，织补古城功能、提升古城环境；通过花艺等艺术化手法，以美为媒，营造古城艺术氛围，激发居民共同营建美好家园的动力，呈现出多角度叠加的多彩城市美学（图 2-39）。

3）组织层面的“共创”——事件引领下的古城产业设计与运营

主创团队通过事件引领、资源导入的方式活化当地非遗，塑造古城 IP，孵化商业品牌，并且策划中国首个非遗主题——“重见 · 永新”设计周，推动传统工艺的现代重新演绎，将非遗项目与传统节庆的文化消费相结合，同时也与建筑、公共艺术、景观绿植等文化论坛与讲堂相挂钩。汝窑、木版年画、剪纸、染织等多形式的非遗内容给游客以多维度城市美学体验（图 2-40）。

图 2-39　街道面貌更新后
（图片来源：由都市更新（北京）控股集团有限公司，提供）

图 2-40 古城文化活动的策划（上图）
（图片来源：由都市更新（北京）控股集团有限公司，提供）

图 2-41 群众积极参与活动（下图）
（图片来源：由都市更新（北京）控股集团有限公司，提供）

4）运营层面的“共管”——多元主体共同发力的新合作

此次运营的痛点在于如何找寻城区与商业街混合模式下的平衡，通过策划贯穿全年的文化活动、增设文化设施等一系列具象的操作，营造持续温馨的文化氛围，永新变得越发可读、可游和可感。越来越多的本地居民、当地社团等主动参与到古城的建设、经营中，形成吸引返乡大学生回归、本地人才就地创业的良好局面（图 2-41）。

政府同时也在营商环境的政策支持等各个方面进行引导。以六一儿童节为契机，都市更新（北京）控股集团发起并举办古城专属“儿童艺术节”，面向小朋友策划了“我眼中的古城”“长卷绘古城”“吉州窑非遗宋代点茶体验”“古城童趣 DIY”等一系列文化活动（图 2-42）。

5）评估层面的“共享”——经济文化双赢的新局面

经过两三年的持续发酵，永新古城的城市美学更新成效显著，街道面貌和城市的文化氛围显著提升，获得当地居民的一致好评。可看到永新古城再生计划减少了本地居民的流失，吸引了外出永新人回乡创业，当地居民和外来文化

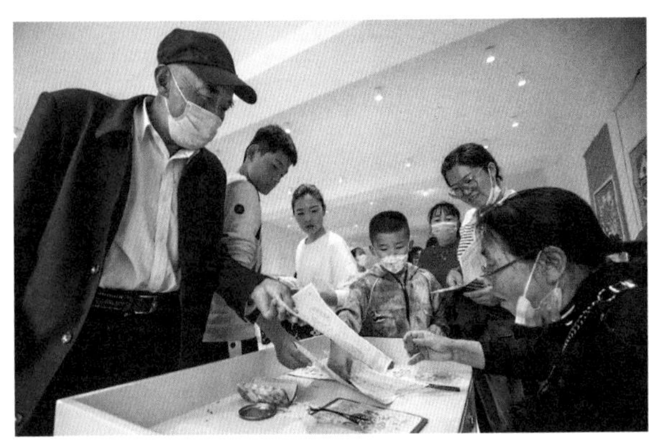

图 2-42　后续运营的持续活力（图片来源：由都市更新（北京）控股集团有限公司，提供）

爱好者聚集形成社群，带动了当地的旅游发展，创造了可观的社会效益和经济效益，真正实现了全民共享古城改造成果（图 2-42）。

“重见永新 · 共同缔造”古城再生计划坚持以“人”为核心，尊重县城发展规律，通过一系列的城市更新实践补齐古城短板弱项，改善了衰败的物质环境，营造出愉悦舒适的空间美学氛围；加强了历史风貌的保护和传统手工艺的传承；推动了文化和旅游融合发展，打造了文化特色鲜明的旅游休闲城市和街区，以文化旅游产业带动了县域经济的发展，让古城重现生机与活力，为我国千余座普通县城就地城镇化的城市更新探索了道路。

2.4.2　线上传播的发酵

在当下这个互联网飞速发展的“智媒体”时代，碎片化、爆炸式的信息铺天盖地，其创作方式、传播途径、大众获取信息的平台都与过去纸质媒体时代发生了实质性的改变。国内线上媒体发展的日新月异给普罗大众带来了“瞬时开眼界”的快车道，“抖音”“快手”等短视频传播平台快速崛起，由此带来的信息渠道的多样化正在逐步影响着人们认识世界的渠道、对事物评判的标准，以及可接受的消费方式等。互联网及线上媒体在如今的城市形象营造和城市治理建设的过程中也随之扮演着越来越重要的角色，从网络获取信息已成为大多数国内居民认识一座新城市的重要渠道（图 2-43）。

城市作为与大众生活密切相关的空间载体与事件发生地，“城市风貌”“城市生活”“城市品牌”等词条在网络上也一直备受关注和讨论。“网红城市”“一线城市”“新一线城市”“美好城市”“宜居城市”“幸福指数最高的城市”“最安全的城市”等关键词，都是大众对于未来美好生活场景的不同思考。据统计，

图 2-43　北京三里屯商圈夜景

“美好”是过去几年内大众在抖音平台提到城市相关内容时出现的最高频的词语，与之相关的内容播放量高达几百亿次。

年轻的一代越来越习惯通过线上浏览、点赞、收藏某个心仪的城市、景区或商圈，然后到现场打卡，再次上传。通过线上引流到线下实地消费的模式正在逐步取代传统的官方视角自上而下的电视或纸质媒体宣传。从另一个角度也说明了这种消费者主动性探索的模式也将为城市的管理者们提供更为广阔在线上平台建设城市的空间与可能。

“古都”西安市的大唐不夜城“不倒翁”小姐姐，永兴坊的“摔碗酒”，长沙的“茶颜悦色”，淄博的“小烧烤”和“八大局”等 2023 年出圈的几个现象级城市品牌，网络的宣传功不可没。除却本就名气在外的大城市，众多宝藏的中小型城市也在逐渐通过各种网络平台经营城市形象，宣传城市特色，抢占消费市场。“网红城市”的线上传播模式给二三线城市的宣传推广带来了全新的机遇和机会。这种“线上引流——线下打卡”模式用户量巨大，且分布范围广泛，且年龄段分布相对年轻化，公众接收信息、主动参与、主动付费认可程度相对较高，“打卡拍照”也因此成为游客线下体验城市形象的重要环节（图 2-44、图 2-45）。

图 2-44　华熙 LIVE“网红”打卡点（左图）

图 2-45　798 艺术区涂鸦墙打卡点（右图）

谈及“网红城市”的形象构建，首先，要挖寻城市独特的“精神内核”。这不是凭空捏造的抽象词语，而是基于关注市民生活场景、饮食习惯和民俗艺术等基础上提炼而出的。其次，要积极塑造城市的“打卡地标”。城市美学更新不能故步自封，要紧跟时下流行趋势，有取舍地塑造专属的地标名片，切勿人云亦云，围绕“文化特色”进行开发打造是最根深蒂固的城市发展之路。再次，要形成可持续的运营和维护体系。话题的热度和流量稍纵即逝，要围绕特色文化找到能持续变现的推广策略，城市形象才能得到持续性传播。苏州市姑苏区的“双塔市集”就是典型的搭乘网络平台顺风车的空间更新成功案例。

苏州：双塔市集

2019 年 4 月，由苏州市姑苏区人民政府联合上海东方卫视《梦想改造家》栏目组及国内顶尖设计大师组成的设计团队，将一个传统的菜市场，在“网络购物热潮”的冲击下“逆流而上”，经过“脱胎换骨”，从以前的“脏乱差”变身为人人爱逛的“城市会客厅”。双塔市集成功的核心在于其不同于传统更新，只是单纯业态的替换升级，而是逐渐从一种单纯的经济形态，转变为一个时尚的社交场域、疗愈的解压空间，为人们打开了一种全新的生活方式（图 2-46）。

双塔市集的改造亮点在于内部新增了包括北海道网红咖啡店、酒肆、茶馆在内的 15 个以苏式特色小吃为主的美食档口和 1 个小型的共享表演舞台，打

图 2-46 苏州双塔市集改造内部（图片来源：由苏州市姑苏区双台街道文化站，提供）

破了原来的线性格局，增加了生动而通透的视觉体验。除此，还新增了隔油池、公用卫生间、中央空调、垃圾就地处置设备，以及整套智慧农贸系统，实现了市场数字化运营的展示。市集的室外公共空间还配置了可移动市集区，可按需求开展户外市集活动，另外还引进了姑苏区首家二十四小时无人社区书店，让居民在买菜的同时开启自己的休闲生活。除了具有传统菜市场的功能，双塔市集更集购物、娱乐、学习、休闲于一体，每处细节都体现着传统与时尚的融合与共生，满足了人们不断“进阶”的消费需求。

自 2019 年 12 月双塔市集正式开放营业，其“颜值”和功能都得到极大提升，瞬间引起广泛关注与争议。据双塔市集智慧管理平台的数据显示，开业半个月双塔市集客流量超过 20 万人，目前日均客流 5000 人左右，节假日客流量超过 3 万人；在抖音、微信、微博、小红书等其他社交平台上，关于双塔市集的讨论也热度不减，一度成为网络热搜（图 2-47）。

2.4.3 节事活动的策划

城市品牌形象作为互联网时代的重要生产力，近年来各地政府积极探索以文化“软实力”赋能发展“硬实力”的更新之路。艺术复兴计划、社会创新设计、艺术展览策划、非遗传承与创新、空间花艺与花植设计、节庆氛围营造、公共艺术景观等各式主题场景活动层出不穷，目的是留住城市烟火气、找寻城市记忆、吸引人气打卡。这些借由城市美学带动城市内在更新的节事活动更是对城市文化、情感和公共空间的重新定义和环境唤醒。

图 2-47　双塔市集活动现场
（图片来源：由苏州市姑苏区双台街道文化站，提供）

城市形象的建立与维护本是一个长期的、持续的过程，但当下我们所处的流量时代给了许多中小型城市弯道超车的机会。鹤岗通过低廉的房价，吸引大量对地域不设限的工作人群定居，政府抓住机遇，适时出台了一系列直播电商等利好活动与政策，留住人气，稳住流量，最终才能盘活经济。淄博借着“小烧烤”的热度，联合邻近其他市县，推出山东全域所有景点联票免费的活动，在临近的端午假期赚足了流量和好感，主推的是人性化关怀与服务，官民一体地将淄博热情好客、童叟无欺的城市形象一炮打响。贵州“村超”与“村 BA”经由短视频火爆全网，瞬时将台盘村与榕江两座默默无闻的村庄县城送上热搜，“村 BA”也因此成为贵州的一张新名片。贵州少数民族载歌载舞的文化生态，与争分夺秒的竞技体育生态大胆融合，可谓是多元文化因子与时代机遇碰撞的结果。

由此我们也不难看出，这种全民性和节庆性的活动，城市活力的释放，民族精神的滋养，不是一两次节事活动能立竿见影的，更加需要政府、企业和市民的多方通力协作，才能在千城一面的困境中找到破题点（图 2-48）。

如何通过活动流量带动整个城市流量，进一步提升城市关注度呢？毋庸置疑，城市的主要经济提升和居民的幸福指数仍然要依托于产业的升级、结构的优化、各种政策的保障等等，但城市形象在网络渠道的知名度也至关重要。

第一，“热搜”靠话题。常见的有两种形式：一种我们称为“制造话题”，先行先试，敢于探索，在鲜有人知的领域为大众提供生动实践和样本，或者本身需要有一定的社会影响力，自身的行为举止本身具备讨论性和关注度。另一种我们称为“延展话题”，即节事活动的策划要实时关注热门社会话题、借由话题本身的热度二次创作，提出新颖别致的观点或新奇角度进行延展创作，获得关注（图 2-49）。

第二，“出圈”靠地标。昙花一现的热度过后，地标性的建筑、雕塑、构筑物等是激发线上游客转换为线下体验的关键。拍照打卡已经成为当下多数群众记忆一座城市最直观的方法。因此，城市空间里需要有值得拍照、录像打卡的能够彰显城市精神的实体建筑物或构筑物等，不拘泥于任何形式，例如：伊犁哈萨克自治州的独库公路、广州市的“小蛮腰”塔、长沙市的“茶颜悦色”等，都是人们口口相传的一座城市的代名词（图 2-50）。

第三，“引流”靠情怀。持续的流量变现需要深厚的城市文化为支撑。文

图 2-48　龙潭湖公园市民音乐节活动现场（上图）

图 2-49　微博滑板精英赛线下场地准备（下二图）

图 2-50　法国蓬皮杜国家艺术文化中心（上图）

图 2-51　西安市大唐不夜城氛围营造（下图）

化是一座城市的灵魂，是一座城市发展过程中源源不断的资源库。深耕以文化为核心的优质内容体验，是塑造更加挺拔立体的城市形象，持续吸引流量的制胜关键。言之有物，动之以情的文化表达才能引起共鸣或思考的价值，感受到情怀的力量。当游客置身于城市中，会沉浸式地体验到赋满情感和人文关怀的细节，从而通过多形式、多平台、多渠道的网络传播，给大众增加记忆点、进一步扩大城市的品牌效应和影响力（图 2-51）。

只有传统文化的传承与时代元素的创新做到互相融合，相互依托，城市才能通过美学节事活动的策划成就一张经久不衰的“新名片”。历经 4 年的更新修缮，上海市静安区的“张园”综合运用政策工具，针对历史遗留用地采用土地整备和综合整治的更新手法，一跃升级为一个以定期更换主题策划活动为特色的城市文化艺术展区，2023 年春节，张园西区以“Mall 登张园，这厢有礼”为主题，带来“前兔似锦里弄逛街有新意”艺术美陈装置、“游园

图 2-52　上海市春节氛围营造

寻梦地图互动定有礼”消费体验活动，以及“理想人声演出生活”沉浸式音乐剧联动等一系列精彩纷呈的观赏游园看点，海派新春在这里进行了生动地在地演绎（图 2-52）。

媒体的报道对于节事活动的策划至关重要，因其能够直接或间接影响公众对该城市的认知。2023 年，纪录短片《申生不息》通过拍摄上海城市发展进程中的 100 个真实故事，立体展现上海在“以人民为本”、彰显“人民城市”重要理念的过程中，在居住条件改善、公共空间重生与升级、历史传承与文化创新等方面取得的丰硕成果。除了在国内外主流媒体和新媒体平台播出，后续该系列微纪录片还将在徐家汇书院滚动播放，开展主创交流分享，共同出版《申生不息》主题图书、设立“城市更新”主题书架等。媒体的多渠道宣传为上海这座城市的温情又增添了几笔细节。

与上海不同，深圳市的城市美学更新重点则更偏重探索复合式的更新模式，从文化创新的设计思维入手，梳理片区发展逻辑，讲好“综合片区定位故事”和“项目定位故事”，积极培育和引导低效土地资源，努力促成文化艺术价值和社会经济利益的双赢。深圳市罗湖区的金威啤酒厂作为最早发展成熟的片区闻名于世，承载着第一批深圳市建设者的集体记忆。其率先探索未来发展的可持续机制，建成深圳市首个啤酒厂艺术街区，更是作为主活动场地承办了“深港城市 / 建筑双城双年展”等重要展览等活动。街区对城市空间、文化项目和公共服务进行了优化提升，在城市共性与片区个性间找到契合点，让每一条街道都承载一段专属的记忆，每一扇橱窗都折射出城市的生机，每一块牌匾都诉说着自身品牌的故事（图 2-53）。

图 2-53　深圳市金威啤酒厂更新后效果

第3章 城市美学的基础要素

《城市更新：城市发展的新里程》一书认为，城市更新不能采取低水平的、修修补补“拉链式”的建设模式，要兼顾前瞻性和战略性。城市总体规划与品牌建设、文化特色与 IP 打造、整体风貌与色彩规划之间的三对变量是当下国际洪流中评判一座城市最显著的指标。每一对矛盾的出现都是时代背景下城市发展与营销的关键点。这就需要在老城更新和新城建设的同时，塑造一个个独具特色、符合自身发展需要、有正确价值观和审美标准的正向城市品牌，使得城市的向前发展不只有对服务功能和经济产值的更新，更应该注重美学基础和精神文化层次的升级。

区域是城市发展的基础，城市是区域发展的核心。区域层面的城市美学更新可从城市品牌和城市色彩两个层次来进行把控与调节。这是一个将抽象的城市印象与具象的视觉符号实现意识连接的过程。首先，城市品牌的打造包括核心图形的挖掘和提取、IP 形象的建立与运营、环境色彩的梳理与规范、各类设施的增补与更新等多方面。其次，城市品牌的色彩选取也是与城市主色调步调一致的，并且随着网络媒体的发酵，IP 形象在网络平台的广而告之，逐渐成为宣传城市品牌的重要路径。再次，城市色彩是走进一座城市最直观的视觉感受，是人们感受城市温度、人文情怀的第一视角，层次丰富、冷暖交替的城市色彩也可以成为城市的品牌的展示面。因此，城市品牌和城市色彩二者相辅相成，共同构成了城市美学更新的基础体系。

3.1 构建城市品牌

“城市形象”一词最早是由美国城市学家凯文·林奇（Kevin Lynch）[①]提出。他认为任何城市都有一种公众印象，它是许多个人印象的聚合。美国社会哲学家刘易斯·芒福德（Lewis Mumford）[②]则认为“城市形象是人们对城市的主观印象，是通过大众传媒、个人经历、人际传播、记忆，以及环境等因素的共同作用而形成的。”综上，“城市品牌”可以理解为在当下社会语境中能够代表城市形象的宣传载体，同时也是城市个性的视觉印象浓缩。

城市品牌，可以是一个标志、一句口号、一组图形或者当地某种特产等，可归结为自身特征与外界公众印象的总和。例如巴黎是“世界浪漫之都”“时尚之都”；威尼斯是“水城”“桥城”；重庆是“山城”、济南别称“泉城”等。一个成熟的城市品牌对内可代表城市特征，对外可传播城市精神。西安依托古朴厚重的历史底蕴，以“文化古都”“丝路起点”“软件之都”为基点，以“中国西安·西部最佳”为城市发展的口号和目标，朗朗上口，成为西部城市发展的一大亮点。

我们又称城市品牌为“城市视觉识别系统（Urban Visual Identity System）”简称“UVI 系统”，由品牌战略、视觉形象和空间环境三个层次构成（图 3-1）。

品牌战略指的是城市的战略定位和传播口号。视觉形象指的是在品牌战略的定位下，城市标志、色彩规范、核心图形、形象代言、图像影片、衍生应用六大板块的具体延展。空间环境指的是在视觉形象的统筹下，系统的品牌标识被应用到建筑立面、夜景照明、户外媒介、城市雕塑、店招牌匾、城市家具和导向系统等各个载体上，形成统一的视觉体系。三个层级自上而下、逐级指导、相辅相成，共同形成一座城市完整的品牌体系构建。

完善的视觉识别系统是城市发展中不可或缺的规范与标准。城市的战略定位是要与国家政策与区域发展相挂钩的，传播口号是对战略定位精练、上口、易于传播与记忆的语言概括。在此基础上的图形设计和符号提取才是不脱离城

① 凯文·林奇：美国城市规划专家，主张让人们意识到城市环境与人类主观感受的关系，代表作有《城市意象》《城市形态》。
② 刘易斯·芒福德：美国社会哲学家，主张科技社会同个人发展及地区文化上的企望必须协调一致。代表作有《枝条与石头》《科技与文明》《生存的价值》。

市发展的有效城市品牌体系。例如，山东东营的“黄河入海，我们回家”，浙江金华的“信义之城 · 和美金华”，通过研究国家政策定位，以大众喜闻乐见的形式对城市形象进行概括，由此建构一个立足特色文化资源的品牌符号。

城市品牌化可以看作是城市的一个延伸部分的营销方式，类似的例子比如西班牙巴塞罗那的高迪公园、纽约的时代广场和法国里昂的灯光艺术节等。通过一个独立的、具象的品牌打响城市的知名度，在这个竞争日益激烈的国际环境，可谓是一种捷径。城市品牌的形成，最大的受益者将是当地的居民和政府，同时还可为多样化的经济增长作贡献、提升社会凝聚力、丰富城市对外展示的文化名片。

成都这座城市公共艺术雕塑“I❤CHENGDU”（图 3-2），自信而张扬地传达着市民对城市的喜爱，相信当地市民在说出这句口号时，内心充满了作

UVI

Urban Visual Identity System

城市视觉识别系统

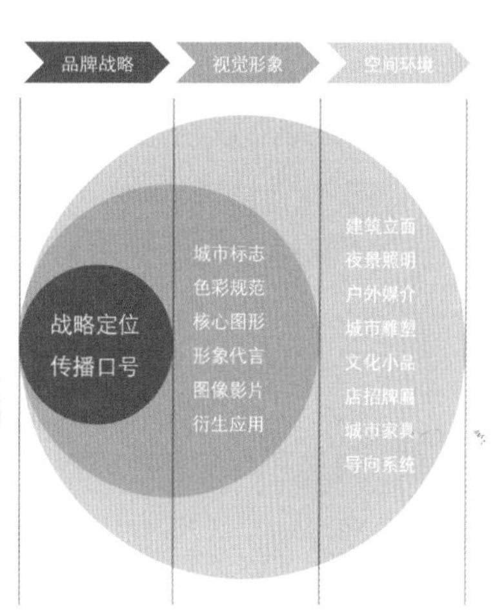

图 3-1　城市视觉识别系统架构图（上图）

图 3-2　成都城市品牌公共雕塑（下图）

为成都人的骄傲。这是一句专属的城市密码，无形中强化了市民的归属感和荣誉感，时刻强化着成都“一座来了就不想离开的城市”这个品牌。

3.1.1 更新问题

1. 品牌缺失　识别混乱

纵观当下，各个城市争相发布自己的品牌与标语，数量井喷的同时质量参差不齐。不乏有些城市为了拥有一个图标而流程化、机械式产出的图标，其与城市个性毫不相关，甚至相差甚远，无法有效地介入城市美学更新体系。基于快速城市化发展背景，当下的城市品牌缺乏对地域文化的深入挖掘与筛选，频频出现套用模板的痕迹，表现手法略显单一，故事感和叙事感薄弱。在由一系列城市表面意向无序堆砌中，大众难以通过品牌符号萌生出对城市文化进一步了解和深入探索的兴趣。

2. 应用欠缺　不成体系

有的城市随波逐流地推出了品牌图标图形或文字口号后，只停留在政策新闻和媒体宣传的层面，缺乏在城市空间改造提升过程中实际的应用（各类城市家具、公共服务设施的提升）。还有的城市简单地将口号转化为一座雕塑，随意放置在一处，雕塑毫无情感的注入，市民路过也不会与之产生任何共鸣，故而这种品牌的应用是不成体系的，也是无效的（图 3-3）。

图 3-3　城市品牌的现状

3.1.2　更新原则

无论从地域上还是文化上，城市品牌的塑造是需要与城市特质相契合的，这样才能具备合理的关联性。城市在不同的时间、不同的地点都留存着故事，这些故事也以各种方式被不同的媒介和载体记录和诉说着。对城市故事的认同，是增加对这座城市归属感的先决条件。将城市故事演变成为城市专属品牌，更有利于找到具有城市特点的发展方向，避免在随波逐流的城市化中泯然于众。我们要坚持传承与创新并重，充分保护和利用好文化遗产，留住城市的“根”与“魂”，避免一味地求新求异，而是使城市文化得到更恰当的诠释。

城市品牌的发展根基始终是以文化为中心的。我们要站在历史的肩膀上，使城市中历史赋予的文化资源与当代文化场景相适应、与现代社会相协调，以人们喜闻乐见、具有广泛参与性的方式推广开来。因时而兴，乘势而变，随时代而行，与时代同频共振，共创优质城市品牌（图 3-4）。

图 3-4　常德柳叶湖城市品牌
（图片来源：由东道品牌创意集团有限公司，提供）

1. 凝聚识别原则

城市品牌的塑造应注意文化意向的凝聚和识别。对于有历史文化根基的城市要深度挖掘，文化是激发城市创造力、竞争力和凝聚力的活水源头，将文化如血液般融入城市肌理，是提升城市品味、美誉度和影响力的必由之路。现代城市钢筋水泥的高楼大厦正在逐步掩盖着城市本身所具备的历史积淀与文化特色，同质化的现象日趋严重，所以在打造城市品牌时，对城市所在的历史特征、地域特色、时间节点等史实或传说进行追溯挖掘，找到其本源，

图 3-5 杭州城市品牌及应用

并结合现代化受众需求重新进行演绎，创造出特征鲜明且不脱离城市文化的城市品牌（图 3-5）。

2. 体系搭建原则

城市品牌的塑造还应注意识别体系的建构和创新。城市品牌的打造根植于对城市的深度挖掘，有文化就发扬优秀文化，有特点就包装特点，两方面都不占优势，就可以结合时代背景与大众的关注热度，为城市凭空创造一个全新的品牌形象。

并不是每座城市都有极其鲜明的历史印迹以供转化与宣传，针对这类城市规划体系中成立的新区或者新城，根据地形、气候的特色或者主要产业的分布创造一个全新的品牌形象是最契合实际的选择。例如，法国巴黎的埃菲尔铁塔，建造之初是为了给 1889 年的世界博览会开幕典礼剪彩设计的，是一座临时建筑。活动结束后，诸多市民都认为耸立在市中心的这个钢铁质感的庞然大物与以浪漫著称的巴黎格格不入，很长一段时期被抵制。而现在，这座魔幻的钢铁建筑成功融入了巴黎的浪漫，转而成为法国甚至全世界最具人气的建筑地标。据不完全统计，埃菲尔铁塔每年能为巴黎带来约 15 亿欧元的观光旅游收入，它也因此成为法国最知名的一张名片。

实现路径层面，根植于历史文化提炼城市最具价值的立足点，演绎出专属的城市品牌符号，实现将文化积淀与空间设计的有机融合，可以从三个层次进行探索。第一个层次，从城市历史文化、地理风貌、人文风俗、产业特征物等多方面寻找切入点，对当地的文脉、产业等城市“DNA（基因）”比较筛选并深入挖掘。第二个层次，提炼出最具代表性的文化元素，通过拼贴重构、合理夸张、突出特征、以小见大等艺术创作手法进行抽象提炼，形成专属的文化符号作为城市品牌的核心图形。第三个层次，将品牌符号配合宣传标语应用到城市专项设计的各个环节，最终统筹整体城市空间的综合提升改造，使市民和游客在漫步街道时轻松识别、印象深刻、产生共鸣。

1）城市图标

城市品牌是建立在城市文化基础上的公共视觉产品，核心是赋予城市与之对应的、专属的更多形容词、名词和视觉符号，有助于丰富视听语言的表达层次，构筑城市意象的立体传播架构。

城市图标的提炼要根植于地域文化，没有深厚的历史根基的空谈和畅想，是无法向社会展示城市自身真正形象和精神的。城市品牌的内涵不能是空洞的，每一座城市都是历史发展、朝代更迭的成果遗存，历史文明的积淀、生态资源的分布和文化建设的成果等都可以作为城市品牌的来源。品牌图标可以是文字、图形、文字与通行的结合等多种形式，通过拼贴重构、合理夸张、突出特征、以小见大等创作手法进行抽象提炼，形成专属的文化符号，最终形成一个整体的个性化的视觉形象作为城市品牌形象辅助宣传符号，给人们留下更深刻的记忆点。

（1）杭州城市图标延展应用

杭州作为近年来极具潜力的“新一线城市”，曾获得“中国最具幸福感城市”的称号，自 2008 年正式推广其专属的品牌图标后，人们对于杭州产生了更为清晰、深刻、生动、立体的印象。杭州的城市品牌标志，彰显出“精致典雅 · 大气国际”的城市面貌。其核心图形以中国传统的篆书字体“杭”为基础进行变体，巧妙地将建筑屋檐、船舶交通、园林造景等城市要素的意向贯穿融会。象征江南水乡的蓝绿色彩、中英文字体的组合搭配、“生活品质之城”的宣传标语，共同构筑了一幅生机昂扬、欣欣向荣、壮志凌云的杭州画卷（图 3-6 ~图 3-8）。

城市打造专属的品牌可以强化居民对自己居住城市产生认同感、归属感和自豪感，继而激发城市的主人翁责任感。2016 年在杭州召开的二十国集团领

图 3-6 杭州城市品牌图标（上图）
（图片来源：由东道品牌创意集团有限公司，提供）

图 3-7 杭州城市图标的户外广告宣传（下左图）
（图片来源：由东道品牌创意集团有限公司，提供）

图 3-8 杭州城市图标的纸媒宣传（下右图）
（图片来源：由东道品牌创意集团有限公司，提供）

导人第十一次峰会，[①]《韵味杭州》画册作为一把向国际展示杭州魅力和中国文化的钥匙。设计团队通过湖山胜景、悠久历史、村镇街道、宗教文化、工美文艺、丝茶美食、养生健身、学校教育、创新创业、社会服务十个板块，如同画卷将杭州一一展开，完美地展现在世界各国领导人面前。古朴的韵味，古法的装订，都述说着杭州是一座拥有悠久历史的城市。中英文双语的国际化展示，加以现代风貌的城市图片，带给读者现代先进的城市气息（图 3-9）。

该书已作为会议资料，发放给出席 G20 杭州峰会的正式代表、嘉宾，以及媒体记者。中国传统的留白写意概念自然地流淌于整个画册的文字与图片、页与页、章节与章节之间，色彩延续了杭州城市品牌的蓝绿色系，结合了 G20 峰会的专属标志，以历史与现实交汇为总体脉络，立足杭州特色和国际视野，用世界语言展现东方与西方、文化与经济、时尚与传统、生活与创业交汇融合的杭州城市品质，向世界呈现一份别样的精彩，展示杭州历史和现实交汇的独特韵味。

① G20 峰会及二十国集团：是一个国际经济合作论坛，于 1999 年在德国柏林成立，属于非正式对话的一种机制。

图 3-9　《韵味杭州》画册
（图片来源：由东道品牌创意集团有限公司，提供）

（2）江门城市图标延展应用

江门市位于珠江三角洲西岸城市中心，被誉为“大江门户，南海明珠”，是一座值得溯源和体验的宝藏城市。江门还是中国侨都。祖籍江门的华侨、华人和港澳台同胞近 400 万人，遍布全球 107 个国家和地区。

城市品牌的打造需要深刻了解这座城市的人文历史，进而准确把握和表达这座城市的精神气质。整个品牌的设计灵感源自“宗自然 · 贵自得”的思想，江门的侨、文、思、史，以及山、川、泉、海在自然和自得之间，能让游客的思想与身体共同满足，面古叙今。因而，江门也是一座具有很大想象空间的诗意之城——“诗邑江门”（图 3-10、图 3-11）。

在品牌标识上，团队选用了汉字的“门”作为设计基础，它形象简洁，辨识度高，即使在国际化运用中也不会产生障碍，具有很强的传播基础。门里的特征，融入了非遗传统文化符号、自然风光、建筑文化、美食文化等，把诸多景点和人文特色有机结合在一起，远观为门，近看处处有景点，五邑精彩，共聚一门。其中还特别融入“马踏飞燕”造型，寓意祖国对海内外华侨华人的呼唤，象征江门文旅的包容与开放（图 3-12）。

杜阮凉瓜新会陈皮台山大米
古井烧鹅甜水萝卜新会柑
立园开平碉楼
村落风貌岭南建筑
三角梅新会葵扇温泉之乡排球之乡
小鸟天堂海岛风光上下川岛
红线女戴爱莲冯如
陈白沙梁启超
蔡李佛拳南派舞狮咏春拳
荷塘纱龙泮村灯会划龙舟浮石飘色
广东音乐海上丝绸之路
镇濠泥鸡白沙茅龙笔帆船鱼灯

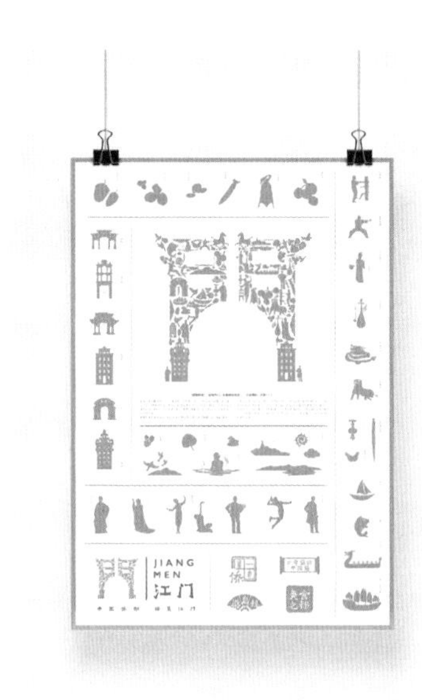

(a)

(b)

图 3-10 江门品牌设计初期文化因素挖掘（上左图）
（图片来源：由上海优迦文化传播有限公司，提供）

图 3-11 江门城市图标（上右图）
（图片来源：由上海优迦文化传播有限公司，提供）

图 3-12 江门城市图标延展设计（下图）
（a）纪念服装；（b）办公套件
（图片来源：由上海优迦文化传播有限公司，提供）

在标识造型参考上，团队参考了白沙祠，以及海外中国城与唐人街的各种牌楼。这一座座牌楼，不仅仅代表中国的江门，还代表华人华侨的乡愁，看到牌楼，就让人想起自己的血脉，想起了自己的宗祠，以及田园风光中，竖立着各式牌楼的村口街头。江门城市品牌的“门”字体借鉴于晋隶书及北魏真书，为全球华人最多见也是最熟悉的古书变体风格。品牌主色彩用了文雅而有品质、生活富足而又低调的“五邑金”，岭南锅耳墙上浓郁的故乡“古巷灰”，体现品牌精髓与气质（图 3-13）。

设计团队将品牌图标延展为一系列的图案，广泛应用到文创艺术品、户外广告、建筑立面等各个领域，大大提升了街道界面的美观性，帮助市民在生活

（a）

（b）

（a）

（b）

图 3-13　江门品牌城市界面转化（上图）
（a）户外海报招贴；（b）城市形象宣传
（图片来源：由上海优迦文化传播有限公司，提供）

图 3-14　江门城市品牌城市界面转化（下图）
（a）导览牌；（b）户外广告
（图片来源：由上海优迦文化传播有限公司，提供）

的细节中加深对城市新图标的熟悉度与认同感，为下一步江门的宣传推广提供了充足的接口（图 3-14）。

全新的城市图标和品牌口号“中国侨都 · 诗邑江门”有效集聚了江门文旅行业的优势资源，共同提高了江门的知名度和美誉度，相信“中国侨都 · 诗邑江门”在未来城市的竞争中会成为更具核心发展力的城市品牌。全新的品牌图标将重塑江门文旅品牌形象，提升江门文旅品牌的关注度和影响力，将江门打造成为鼓励人们追溯与探索、充满抒情与想象的文旅目的地，为振兴文旅经济注入新血液、新活力。

（3）湖州城市图标延展应用

湖州是丝之源、笔之源、茶之源、瓷之源、酒之源，素有“丝绸之府”“鱼米之乡”“文化之邦”的美誉，至今已有 2200 多年历史。近年来，湖州先后获得国家环保模范城市、国家园林城市、中国最幸福城市等荣誉称号，并成为全国首个地市级生态文明先行示范区。

图 3-15　湖州新标识
（图片来源：由东道品牌创意集团有限公司，提供）

湖州以太湖命名，也因太湖而兴，是环太湖地区唯一因湖得名的江南城市，自古即以湖光潋滟、山清水秀而著称。古朴典雅的飞英塔，曾被苏轼赋诗赞颂“忽登最高塔，眼界穷大千”。而湖州新地标“月亮酒店”，则是中国首家指环形水上建筑。

设计团队为湖州进行全新标识设计时，保留了原标识的整体形象，并以更流丽疏朗的笔触，勾勒月亮酒店、飞英塔剪影与太湖中的倒影。一古一今，相融相生，造型稳重而灵动。天青与湖蓝色调，呈现水墨江南古韵。富有律动感的线条，赋予标识更强的现代感与时尚感。新标识既体现了湖州深厚的历史文化底蕴，又生动地展现出城市的活力与热情（图 3-15）。

基因图形的核心色彩体系被提取并二次设计，配合相应的文化内容进行展示，强化了城市图标的视觉印象。渐变横向条纹的基因图形、蓝绿为主色调的靓丽基因色彩都是湖州这座城市品牌的视觉形象。当基因图形的应用范围和类别逐渐覆盖市民的衣食住行等各个维度，城市的品牌形象也会更加具象化，游客和市民对城市的认同感和归属感也会随之增强（图 3-16、图 3-17）。

图 3-16　湖州新标识产品包装等延展应用
（图片来源：由东道品牌创意集团有限公司，提供）

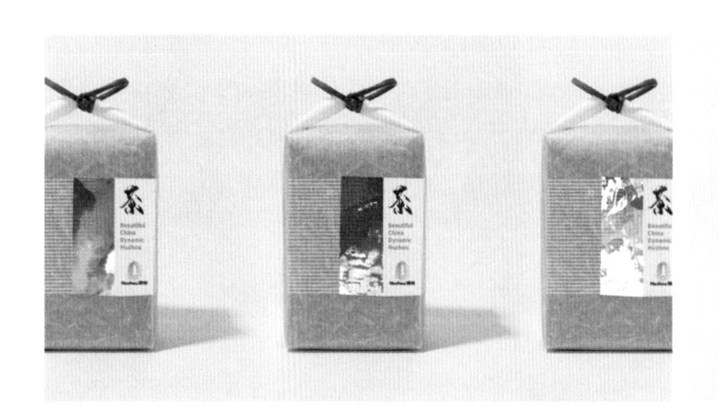

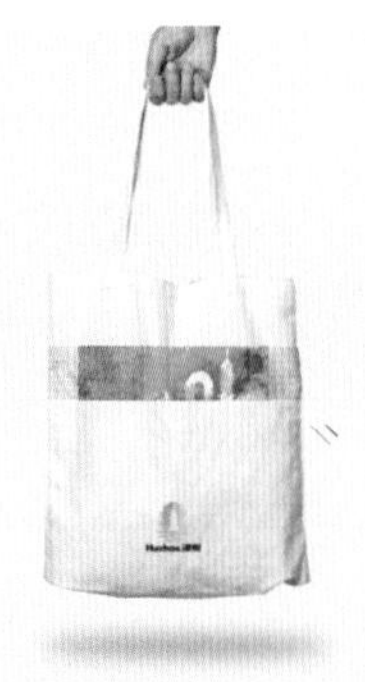

图 3-17　湖州新标识户外广告宣传应用
（图片来源：由东道品牌创意集团有限公司，提供）

（4）榆林古城图标延展应用

榆林作为古丝绸之路的必经点，承载着继承和发扬丝绸之路精神、赋予古代丝绸之路以全新的时代内涵的重任。陕西省第十七届运动会于 2022 年 8 月 6 日在榆林盛大开幕，素有“南塔北台中古城，六楼骑街天下名”美誉的榆林古城任重道远。榆林古街作为承载城市记忆的传统步行老街，其现状的基础环境条件良好，人文历史氛围浓厚，美中不足的是与国内其他众多景区的步行街趋于雷同，业态的分布也以传统小吃等便民餐饮为主，店铺招牌杂乱、建筑立面色彩紊乱，个别楼体立面甚至存在安全隐患、中心步行道路路幅偏窄，导致行走拥挤，基础设施分布不合理，种类不齐全，样式繁杂等。政府将榆林古街列为改造示范标准段，全方位地对其进行系列提升。其中重中之重的就是统一的文化符号的元素挖掘与视觉呈现。

榆林古街由南至北依次为“文昌阁、万佛楼、星明楼、钟楼、凯歌楼和鼓楼”，气势恢宏、诉说着榆林这座城市的滔滔历史。被六楼串联的古街两旁商铺鳞次栉比，人声鼎沸，车水马龙。设计团队通过对坊间面貌与道路纵横的城市道路与交通布局的形态提取，结合“榆林”二字本身的文字轮廓，通过保留象形的艺术抽象手法，形成了如图 3-18 所示的视觉符号。6 个骑楼各以一个代表颜色作为象征，严格遵守历史的地理分布次序穿插其中，生动形象的同时有据可循。仿印章形式的红底白字也是品牌的一个重要组成部分，强烈的色相与明度对比、阴阳雕刻的反相手法丰富了品牌符号的平面层次和空间感（图 3-19）。应用到公共空间时，识别性强、应用范围广、现代的艺术手法去表现榆林古城厚重的文化传承（图 3-20）。

榆林古城的品牌符号与当地的文创产业和环境整治有机融合，强化了榆林的古城风韵和品牌价值。城市品牌的视觉符号潜移默化这座城市的人文精神和城市特质。深耕厚植城市软实力，增加市民认同感的同时，还可以提升旅客对榆林这座古城的符号化印象，使得榆林以更生动、更丰富、更立体的形象走出陕西、走向国际。

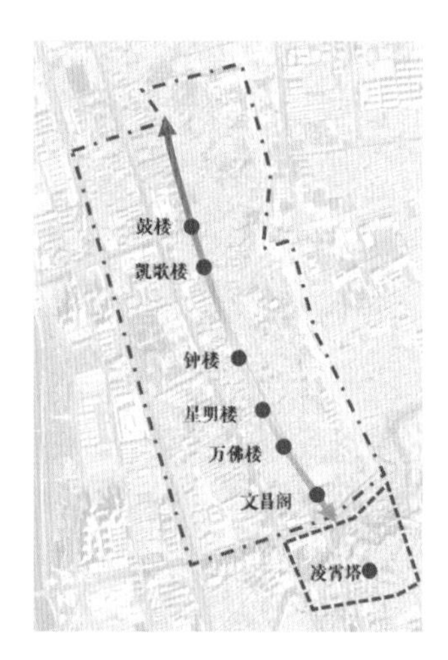

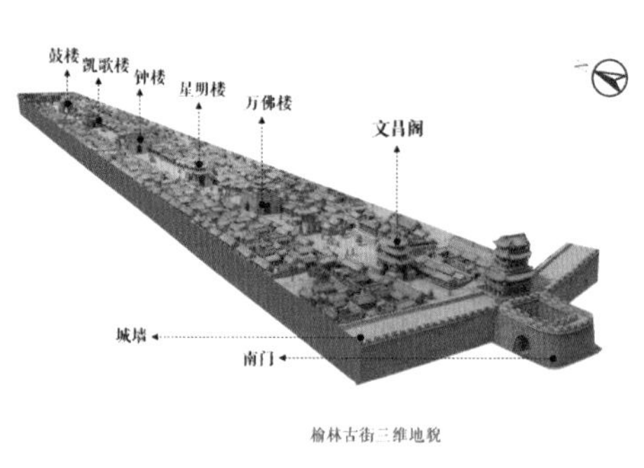

图 3-18　榆林古街平面布局（上图）
（图片来源：由北京清美道合规划设计院有限公司，提供）

图 3-19　榆林古街基因图形（下图）
（图片来源：由北京清美道合规划设计院有限公司，提供）

图 3-19　榆林古街基因图形（续图）（上图）
（图片来源：由北京清美道合规划设计院有限公司，提供）

图 3-20　榆林古街基因图形的空间应用（下图）
（图片来源：由北京清美道合规划设计院有限公司，提供）

2）基因图形

城市图标可以直接作为基因图形在城市空间中进行立体应用，也可以区别于图标本身，重新创作一个与之相关的、更为简练的图形作为“基因图形”，二者同属于城市品牌视觉体系的展示核。

城市的基因图形不应该只是一个纯粹的装饰性图形符号，应该具备特定的文化内涵或观点主张，传递给大众以多重的信息流。其次，它还应该具备应用形式灵活、适用范围广泛、视觉冲击强烈等延展层面的特性，将其背后所代表的文化内涵以千变万化的形式应用在各种平面的、立体的环境空间中，逐渐形成基因图形链，发挥更大的经济效益和社会传播影响力。

基因图形应用的关键在于与公共空间环境的有机结合。视觉品牌符号作为城市精神的凝练化语言，最基本的特质就是在城市环境的超强融入性。当品牌符号长期高频率地出现在人们生活的各种场景中，随着时间的沉淀，便逐渐成为街容道貌的一部分、市民生活的一部分、城市形象的一部分。城市的品牌在城市空间的多元应用，助力于空间秩序的一体化与视觉系统的统一化。系统的符号语言更有利于统筹碎片化的空间，提高城市空间的有效利用率，强化城市的特色与个性，为城市美学的综合更新奠定坚实的基础。

（1）道真城市图标延展应用

每一个城市都可以成为世界的中心，首先要找到它的价值坐标。比如瑞士的达沃斯，是世界会议之都；法国的戛纳，是世界电影之都；奥地利的维也纳，是世界音乐之都。找到自己的价值坐标，就能吸引全世界。道真是遵义市下辖的自治县，以优越的生态环境、富氧的清新空气、清澈洁净的水资源、触手可及的中药材、安全生态的食品、独特的傩戏和仡佬族文化，让道真成为绝佳的森林康养目的地。因此，道真可以说有两个价值坐标，一个是世界的文化坐标——“世界傩戏之都”，一个是区域的环境坐标——重庆都市圈的“全域森林康养城市”。

傩戏，是一种消灾祈福的古老仪式，在道真传承了上千年，被誉为“中国戏剧的活化石”（图 3-21）。它以祈福迎祥为目的，求风调雨顺和消灾纳福的活动，由民间艺人组班表演，有歌有舞，或说或唱，文武并重。找到了道真的价值坐标，下一步就要将它赋予到城市品牌当中，这就需要城市的图标作为载体去释放它的魅力。

通过对傩戏的深入了解，设计团队精准捕捉到面具“眼睛能动”这个特征，而且眼睛本身就是一个刺激信号极强的视觉符号，如何把它私有化改造，寄生在道真品牌上成为进一步设计的重点（图 3-22）。设计团队将傩戏面具“眼睛能动”这个特征和“道真”的汉字进行创意组合，充分发挥眼睛符号与生俱

道真

图 3-21　道真县傩戏文化（上图）（图片来源：由上海华与华营销咨询有限公司，提供）

图 3-22　道真城市图标挖掘过程（中图）（图片来源：由上海华与华营销咨询有限公司，提供）

图 3-23　道真城市图标（下图）（图片来源：由上海华与华营销咨询有限公司，提供）

来的戏剧性，将“道”字的顶部两笔变成一双眼睛，创作出道真的超级符号——“道真之眼”，就像在盯着你看，道真的形象一下子就活了起来（图 3-23）。

在“道真之眼”城市图标的基础上，设计团队用它延展设计了一系列城市礼物——帽子、T 恤、卫衣、徽章、水杯、水壶、笔记本、冰箱贴、眼罩等覆盖到人们日常使用的各个场景（图 3-24），在道真的城市线下礼品店已经可以购买。这家门店由政府招商，将城市品牌符号授权给企业，进行城市礼物的生产和门店运营。这种城市品牌授权管理的模式，也为各地城市礼物开发运营提供了一个可借鉴的典范。

每一个城市都需要一个生动形象的图标，它能极大地提升城市品牌的记忆度，并能为城市带来直接或间接的经济效益。比如，德国柏林的象征是柏林熊，

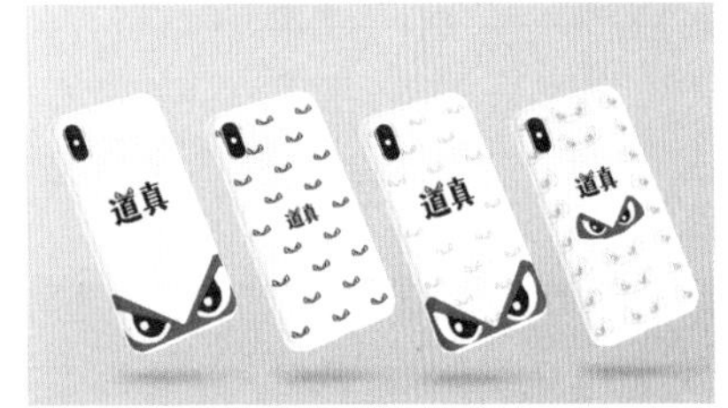

图 3-24 道真城市图标的延展设计（图片来源：由上海华与华营销咨询有限公司，提供）

在柏林的市徽和各种纪念建筑物上都能见到它的形象。日本熊本县的吉祥物熊本熊，因一个独特而可爱的形象，为熊本县带来巨大的观光以及其他附加收入，在振兴熊本县经济、宣传熊本县文旅方面起到了很强的推动作用。

设计团队将平面城市图标与在道真傩文化博物馆里挖掘到的一个道真独有的秦童面具相结合，将其拟人化、卡通化、生动化、时尚化，用现代的插画技法将这个面具人物“复活”，并且与“道真之眼”超级符号相结合，创作出人见人爱的超级角色 IP——道真秦童（图 3-25）。他是傩戏中必不可少的角色，且有着鲜明的人物特征：首先他是一个喜剧角色，能够逗人欢乐；其次他是一个书童，有服务精神；第三他“歪嘴斜眉”，特色鲜明，极具辨识度（图 3-26）。

一切宣传首先都应该是内部宣传，由内而外，由近及远。道真秦童后又被赋予了一个新身份——“道真导游”，主要负责宣传道真森林康养、旅游景点和农特产品。在道真特色农产品包装上，将大米、香菇、花椒、党参、茶叶、灰豆腐等产品重新进行包装设计，将农产品的媒介功能发挥到最大化，让每一次销售，都是对道真的一次宣传（图 3-27）。

城市的发展不能只关注旅游品牌，要和产业战略相结合。2023 年，道真推出了创意设计——“西南菌都 · 道真菌菇”的品牌符号和口号，全面启用道真菌菇品牌宣传，向外界推广道真菌菇品牌，打响“西南菌都 · 道真菌菇”产

图 3-25　道真秦童（上图）
（图片来源：由上海华与华营销咨询有限公司，提供）

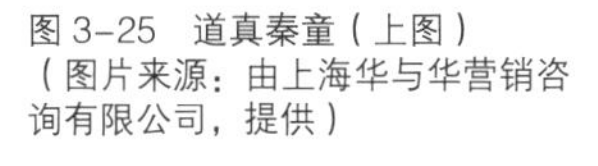

图 3-26　道真秦童品牌形象的延展设计（中图）
（图片来源：由上海华与华营销咨询有限公司，提供）

图 3-27　道真秦童品牌形象的包装产品（下图）
（图片来源：由上海华与华营销咨询有限公司，提供）

业名片，力争实现将食用菌产业打造成西南第一、全国前列的奋斗目标。道真正凭借洁净空气优势，全力打造以“食用菌产业、绿色食品加工、健康医药、森林康养”四大产业为主导的洁净空气产业集群，全力建设成为“洁净空气产业天堂”。在此基础上，道真拥有了这句朗朗上口的品牌谚语：“要想身体好，多往道真跑！”

在“道真之眼”城市图标、道真秦童超级角色，以及品牌谚语的三重加持下，道真的城市品牌影响力不可估量。只有持续投资这个品牌符号、角色、谚语，将它运用到城市品牌的宣传中（图 3-28），不断为其注入能量，它们才能发挥威力，价值才会越来越大。

图 3-28　道真品牌线下礼品店
（图片来源：由上海华与华营销咨询有限公司，提供）

（2）西安航天基地基因图形延展应用

西安航天基地是一个以航空航天为特色的国家级经济技术开发区，同时也是我国规模最大的民用航天产业基地。针对西安航天区的视觉品质提升，设计团队基于城市性质、职能和地理区位等因素，提出了打造“品质航天”的设计目标。从区域品牌、环境色彩、沿街立面、广告牌匾和城市家具五个方面对城市空间进行全面梳理。

上述五个方面提升工作的开展基础，首先是确定一个基因图形，打造一个“个性鲜明、系统完善”的区域品牌。以航空、航天视觉元素为核心，开发航天基地专属品牌系统，打造区域标识及视觉识别图形，并将其广泛、合理应用于城市出入口、道路铺装、城市家具、建筑立面、广告招牌、护坡等使用场景，形成区域一体化的直观识别体验。基因图形的设计灵感来源于与航空航天密切相关的浩瀚宇宙，将宇宙的星系分布结合航天基地的产业布局和文化元素，抽象为“圆环 + 圆点”的几何语言。线型偏心圆配合不规则分布的实心圆，灵活跳跃，寓意着航天基地未来发展的无限可能与美好前景（图 3-29）。

其次，以“和谐优雅、主次分明”的环境色彩，遵循上位城市色彩设计导则，参考户外场景中色彩视距的原则，调整布局，使得远景建立富有秩序感和节奏感的城市景观，中景建立稳中有变的和谐街景，近景遵循建筑色彩和比例调和，三个层次节奏明快，相得益彰，搭配出和谐的魅力单体。具体的提升

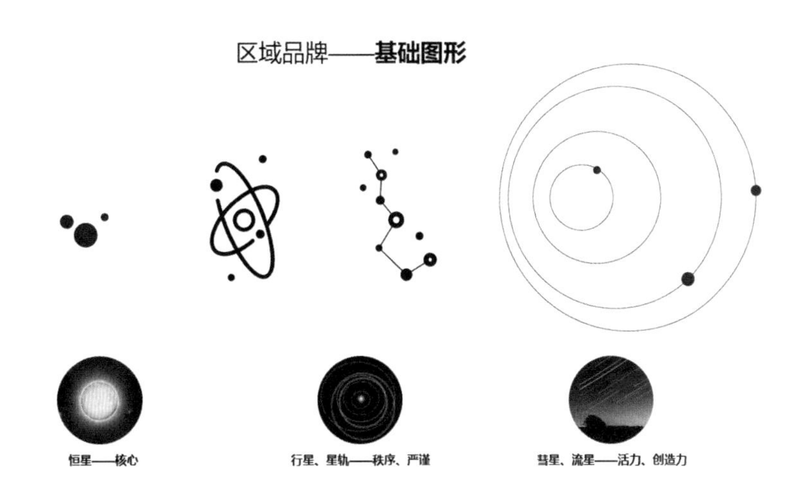

图 3-29　航天基地基因图形挖掘过程
（图片来源：由北京清美道合规划设计院有限公司，提供）

措施为提取城市建筑基调色、辅助色及强调色，去除城市色彩杂色、打造和谐的配色体系。

再次，以“秩序井然、细节丰富”的沿街立面，以低成本、多元化、合理化为原则，对不同道路节点建筑和设施，分为整体改造、局部提升、细节调整三级改造策略。使用“针灸式”的设计策略，有指向性、有侧重点地先对现状进行评估、分析、分类，再逐一进行问题解决。改造工作不仅包括解决立面陈旧破损、空调室外机混乱等突出问题，还囊括了对建筑风格还原、统一与修复工作，围墙围挡等城市家具设施的统一标准提升，切实提升市民的出行体验，塑造和谐优雅的城市界面。

再次，广告招牌将城市文化通过有形的宣传媒介，融合创意的宣传方式。以“统一有序、各具特色”的广告牌匾，以一街一风格、一楼一标准、一牌一特色为原则，将西安航天基地的城市共性与商业个性进行平衡，打造有秩序、有品质的广告招牌系统。在大量基础调研的基础上，确定提升策略为“减量提档”——缩减传播效率低的广告位，提升展示效果良好的广告位的传播效率。不仅可以提高单体户外广告的商业价值，吸引优质发布者竞争投放广告，实现片区户外广告价值的最大化，同时也最大限度地还原了城市界面。

最后，以“简洁现代、便捷实用”的城市家具，以系统化、标准化为原则贯彻多杆合一、多箱合一的设置理念，根据不同路段特征，打造不同主题的造型语言系统。城市道路两侧矗立着许多种类的杆件，如路灯杆、交通设施杆、道路铭牌杆等。这些形状、尺寸、样式各异的杆件，视觉效果杂乱，同时还占

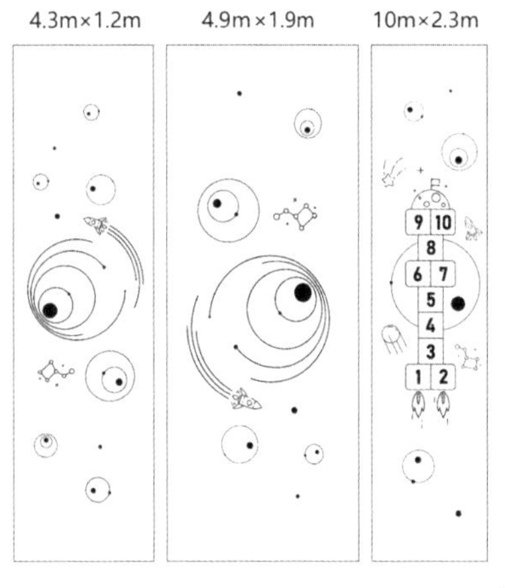

（a）

（b）

图 3-30　航天基地基因图形空间应用
（a）可互动地铺；（b）景观灯
（图片来源：由北京清美道合规划设计院有限公司，提供）

据了大量的公共空间。多杆合一的改造能进一步加快智慧城市建设。

当城市环境舒适了，才能更好地为市民服务以及吸引更多的外来游客（图 3-30），给城市自身的发展带来更多机遇，市民也才能更加认同自己所生活的城市，真正实现“一举多赢”。西安航天基地通过此次改造，城市功能和品牌形象都得到了显著提升。

（3）石家庄中山路基因图形延展应用

石家庄本是一座“火车拉来的城市”，中山路是石家庄的立市之路。不仅历史悠久，且道路沿线分布着河北省博物馆、老火车站、北国先天下、新百广场等一批具有城市文化记忆的特色建筑。在品牌标识设计中，以“中山”二字的字形为基本出发点，同时融合铁路、交通、商业、活力等视觉元素，运用简洁的线段组合成了这座城市的基因图形。简洁的线段象征“中山”二字，同时体现了石家庄中山路基因中的“铁路”“交通”“活力”“智慧”“生长”等属性，具有极强的包容性与拓展性。中英文标准字体与汉字标识呼应，呈现简洁、现代、凝练的视觉美感。

石家庄中山路的品牌标识，基因图形被运用到了整个空间界面改造的各个环节，包括建筑立面、城市家具、景观铺装、广告招牌等，全方位地将城市品牌渗入到空间品质提升中。红色代表“经典中山路”；橙色代表“快乐中山路”；蓝色代表“科技中山路”；紫色代表“时尚中山路”；金色代表“财富中山路”。各个色彩将城市生活场景进行了细分，模拟了市民在不同语境下的心情色彩。

无论是热情的、活力的、休闲的还是时尚的中山路，都是人们熟悉的那条路，通过品牌符号的植入与统筹，动感跳跃的色彩体系，整个空间秩序变得有迹可循，主体功能与附属功能搭配节奏分明、实用便利、美观经济，从而使整条街焕然一新，还市民以全新的步行体验（图 3-31、图 3-32）。

3）吉祥物

当代信息化的传播语境中，“城市文化 IP”是一种将城市运营要素（产业、土地、资本）结合生成的全新复合型城市发展理念。吉祥物，是有着高辨识度、

手写的英文字体与变换的色彩代表中山路多元的属性与无限的可能：
红色代表“经典中山路”；
橙色代表“快乐中山路”；
蓝色代表“科技中山路”；
紫色代表“时尚中山路”；
金色代表“财富中山路”。

石家庄中山路 —— 无限可能

图 3-31　石家庄市中山路基因图形（上图）
（图片来源：由北京清美道合规划设计院有限公司，提供）

图 3-32　石家庄市中山路符号延展应用（下图）
（图片来源：由北京清美道合规划设计院有限公司，提供）

自带流量的文化 IP 符号，可以看作是城市的人格化表现。吉祥物对环境、资源、气候等客观因素的依赖性较低，同时带来的经济回报、社会热度、自身知名度等精神财富较为可观。

高辨识度的外在形象、个性鲜明的性格特征和有明确态度观点和正向价值观的内核是吉祥物的三大显著特征。首先，高辨识度是指对载体的视觉体系的要求，能够快速被大众识别，并成功吸引注意，进而创造下一步的互动可能。其次，好玩有趣、个性鲜明的性格通常表现为幽默感、新奇度、游戏趣味等。一个成熟的城市吉祥物也并不是单纯靠创新一个环节就能实现的，从项目孵化到投资到运营，是需要多行业、多平台、多部门地跨界、融合，通力合作才能形成一条完备的链条，保证城市吉祥物效应的持续发酵。

（1）崇礼 · 小松鼠

张家口市作为北京 2022 年冬奥会和冬残奥会雪上项目的举办地，其崇礼区逐渐发展成为中国数一数二的滑雪胜地。2018 年，崇礼区发布了代表城市形象的图标和吉祥物，从视觉识别、听觉识别和行为识别三方面，整体性提升打造崇礼的城市形象，使崇礼成为真正的国际化奥运城市。

崇礼区吉祥物形象的设计来源于极具崇礼特点的“金花鼠”，金花鼠的形象活泼灵动，身手敏捷，把它抽象化成一个运动高手作为崇礼的吉祥物，呼应了“雪国崇礼 · 户外天堂”的区域口号及定位（图 3-33）。同时金花鼠的乖巧亲切也寓意崇礼人民的热情好客与古道热肠。吉祥物色调鲜明，形象活泼可爱，脸上无时无刻绽放着健康自信的笑容。

城市吉祥物后续还可以在城市面貌改造提升、政务商务交流、对外文化宣传等领域发挥城市品牌的辐射和推动作用，同时城市文化画册、城市精神形象名片、城市导视系统、城市家具、公共雕塑等系统性空间设计的提升也可以同步展开。崇礼区依托城市图标和吉祥物，开发了系列文化创意产品和旅游纪念品，形成“崇礼礼物”系列品牌，推出以冰雪为主题的影视、动漫等系列文化产品，全方位地将崇礼的品牌形象推而广之（图 3-34）。

图 3-33　崇礼吉祥物形象（上图）
（图片来源：由东道品牌创意集团有限公司，提供）

图 3-34　吉祥物形象延展设计（下图）
（图片来源：由东道品牌创意集团有限公司，提供）

（2）成都 · 熊猫

成都，是一座以悠闲、自在著称的城市，其众多文化中，“熊猫文化”无疑是最特别的，放眼全球，几乎没有类似以“熊猫文化”为城市主要发展重心之一的城市。成都因大熊猫的加持，更是被美国《纽约时报》评选为“世界上最值得旅游的城市之一”。自带流量和话题的国宝熊猫，曝光度和讨论热度背后是无限关注度，在此背景下，因势利导地形成一个熊猫产业链成为成都得天独厚的文化优势（图 3-35）。

谈及成都的新地标，时下年轻人的首选会是太古里 IFS 的网红“爬墙熊猫”，它以巨型的体量悠然自适地趴在建筑外立面上，蠢萌的动态动作引发了游人的无限遐想，吸引着无数的市民和游客进入商场一探究竟，成功为商场带来了关注度和人流量。作者劳伦斯 · 阿金特（Lawrence Argent）认为熊猫作为能代表成都形象的重要品牌，可以打破严肃的商业世界和人们之间的隔阂，“爬墙熊猫”是他为了加强公众保护大熊猫的意识而创作的一件公共艺术作品（图 3-36）。

图 3-35　道路绿化带的熊猫主题绿雕（上图）

图 3-36　成都 IFS 商场外立面“爬墙熊猫”（下图）

“虽有智慧，不如乘势”。历史经验表明，那些抓住机遇走向成功的城市文化 IP，都是善于创新性发展、创造性转化的。虽然成都不仅只有“熊猫”这一个品牌，“春熙路”“宽窄巷子”“锦里”“太古里”“青城山”和“都江堰”等都是耳熟能详的成都标签，但熊猫已然成为众多游客最为青睐的对象。成都不仅将“熊猫”IP 运用到各种产品之中，还通过知识产权授权交易，让成都的熊猫 IP 发挥其更大的社会价值和文化价值。所有成都的 IP 可以实现“IP 串联”，成都还以熊猫文化内涵，开展了一系列生态文化和旅游体验项目，如熊猫科教研学、熊猫精品文创、熊猫度假休闲、熊猫品牌展演、熊猫国际游乐等各种主题体验，从而推进成都生态价值的高效转化。文化的可读性需要结合时代，通过“熊猫文化 +”的模式，可以让更多成都的本地文化走出去、更多来自世界的文化融进来，串珠成网，为广大游客和市民打造富饶的文化盛宴。

通过以熊猫文化为核心，成都实现了多产业的模式创新，打造了一个具有里程碑意义的“以 IP 形象统筹的城市发展模式”。例如：大熊猫繁育研究基地、大熊猫博物馆等科研场馆或基地的兴建，熊猫国际度假村，熊猫文创会展和国际商务的开发，“熊猫景观轴”的打造，熊猫与各种城市家具设施的结合。

成都的街头巷尾都随处可见熊猫的形象，聚集了顶尖熊猫 IP、熊猫艺术作品，切实做到了将城市 IP 融入城市建设的一砖一瓦。天府大道中分带上矗立的熊猫绿植，采用垂直绿化的形式将熊猫的憨态可掬形象展现给来往的成都市民及游客，完美融合了景观，还拉近了民众与城市之间的距离。无论是公园中的主题熊猫绿道、熊猫绿雕、熊猫的设施立面彩绘、墙体彩绘、路灯的灯箱海报，还是道路两侧落地户外广告等，漫步于成都的街道，满满的都是各式熊猫向你招手（图 3-37）。除了公共领域，成都的各行各业的商家也对熊猫的品牌爱不释手，市民与政府的双重推动，让熊猫真正安家于此。

由一个动物形象，让人们联想到一座城市，成都做到了。当人们谈论起“大熊猫”时，条件反射地会联想到“成都大熊猫”。这种 IP 与地域的文化绑定，

图 3-37　熊猫品牌形象的商业品牌衍生应用

一方面，建立在独一性的基础上，这是成都得天独厚的优势。另一方面，政府主导的全面围绕强化熊猫品牌价值，政府、企业和市民多方主体共同探索着“熊猫 +”的多极化业态，推进文化产业的创新和多元消费场景的交融互动。

（3）模式口 · 骆驼

北京的模式口，原名“磨石口”，因盛产磨石而得名，村中古道曾经车马驼骡往来如流，是京西进出京城的要道，有“驼铃古道”之誉。如今，这条位于北京市石景山区的古道涅槃重生，变身为一条集文化体验和文旅休闲为一体，宜居、宜游、宜业的历史文化街区（图 3-38）。

图 3-38 北京模式口街区

骆驼作为吉祥物，被演变为多种艺术形式，短而圆的耳朵，铜铃般的眼睛，似兔子一样的上唇、板牙和扁平的蹄子等特征被精准提炼出来，配以夸张的比例和神态，塑造为一对灵动的玩偶。它们时而是真诚热情的迎宾卡通玩偶，时而是生动写实的传统写实雕塑，时而是栩栩如生的平面壁画形象。它们变换着服装、姿势和动态矗立在百姓家门口、街角交会处、公共座椅旁等公众能到达的区域，给游客和市民带来持续的视觉惊喜和文化输出。胸前挂着小铃铛、吉祥物骆驼与沿街商铺的招牌主题相适应，强化了驼铃古道的文化特色和街区品牌（图 3-39）。

图 3-39　北京模式口街区吉祥物造型展示

模式口街区被评选为“北京十大最美街巷”之一，其一套完整统一的视觉传达系统是关键。如今的模式口街区有了自己专属的品牌图标和吉祥物，街道两侧分布的公共座椅是骆驼的轮廓与原生态石材的结合、路灯、护栏、导视牌、垃圾桶、变电箱保护罩等都结合了街区品牌图标和云纹的基因图形，视觉效果统一且富于变化，做旧的金属材质呼应了古道的沧桑与沉淀（图 3-40）。

模式口街区已逐渐成为市民休闲、度假、旅游的历史文化新地标，其中的金顶街街道被评为“城市更新幸福街区”。除此，政府、运营团队和原住居民倾力合作，积极发掘辖区民风民俗，开展文化大集、传统走街花会表演、民俗文化讲堂、重大节日文艺演出等文化活动，吸引众多游客来这里打卡探店，进一步彰显街区历史文化魅力，彰显城市记忆与乡愁的有机融合，彰显业态提升焕发的全新活力。

图 3-40　北京模式口街区吉祥物与品牌的融合

（4）东莞 · 篮球女孩

中国篮球看广东，广东篮球看东莞。篮球之于东莞，是具有强烈地域辨识度、时间连接性、公众认知度的城市超级 IP，是一张亮眼的城市名片。近年来随着篮球运动的大热，东莞的这一城市名片具有巨大挖掘空间与传播潜力，其成为东莞参与城市竞争的重要软实力。

篮球对于东莞而言，有着深厚的冠军基因、广泛的群众基础、浓烈的体育情结。经过数十年的沉淀，篮球精神也慢慢融入了东莞的城市血液中。潮玩品牌携手商业综合体 X11 倾力打造的东莞新地标——巨型艺术雕塑 Laura Girl 伫立在海德广场上，为东莞“全国篮球之城”形象倾力代言，同时也铭记宏远球队成功夺得“十一冠”的荣誉（图 3-41）。她身穿 X11 号球服，手抱篮球，目光坚定，生机蓬勃。Laura Girl 被赋予百变的服饰、形象和动作，将东莞的体育精神以卡通的艺术语言进行生动地呈现。与此同时，Laura Girl 还被制作成大型公共雕塑，放置于室内或户外公共空间，持续曝光，加深市民和游客对其的视觉印象，推动其周边文创产品的设计与售卖。通过举办篮球主题潮玩秀，Laura Girl 的专属潮玩及周边产品被进行直播推介发布，赋予篮球名片更多新内涵（图 3-42）。

Laura Girl 化身东莞城市的虚拟代言人，将篮球所蕴含的活力、向上、自由、协作等文化特性通过潮玩的形式传播到更多年轻群体圈中，赋予“篮球名城”更多潮流文化内涵，使得东莞的城市品牌更加立体和鲜明。

图 3-41　Laura Girl 户外公共雕塑（上图）

图 3-42　Laura Girl 品牌延展呈现（下图）

（5）浔阳 · 琵琶女

浔阳，因水而名，其是万里长江和千里鄱湖的交汇处，形成了独特的九江水文化。白居易的《琵琶行》便是创作于浔阳江上送客之际，听闻舟中夜弹琵琶者的身世有感而作。琵琶女的故事与浔阳这座城市便产生了千丝万缕的情感联系，在这个知识经济和信息化为主流的时代，城市品牌 IP 的塑造已然成为快速实现城市形象升级与有效营销传播的最佳渠道之一。

设计团队将琵琶女作为城市的视觉联想基点，抽象创作出一个吉祥物——“犹抱琵琶半遮面”的卡通形象，忧郁的眉眼和表情的刻画映射了琵琶女悲凉哀怨的心境（图 3-43）。配以跳跃丰富的撞色搭配，应用在城市空间和产品包装中，能够更加立体地将浔阳因水而兴的城市特色与历史典故完美融合。通过提取琵琶女的头部轮廓曲线作为视觉载体，可以承载浔阳的不同城市风光、特色建筑、风土人情等文化侧面（图 3-44）。

吉祥物以点带面的连锁效应能为城市带来持续的流量曝光与话题关注，其最终得以实现转换、变现、放大和生态化的关键正是在于城市的品牌化效应。

图 3-43　琵琶女 IP 形象（上图）（图片来源：由北京清美道合规划设计院有限公司，提供）

图 3-44　琵琶女 IP 文化转换（下图）（图片来源：由北京清美道合规划设计院有限公司，提供）

图 3-45 琵琶女 IP 线上应用
(图片来源：由北京清美道合规划设计院有限公司，提供)

浔阳的琵琶女吉祥物同步开发了线上视觉传播体系(图 3-45)，文创产品、公共雕塑、平面海报等多渠道的开发应用有利于强化人们对城市的记忆，增加人们的记忆点。

3.2 协调城市色彩

伴随着城市的发展，人们越来越意识到色彩对于城市的重要性。城市色彩，是城市环境视觉形态的第一要素，是城市文化的重要组成部分，更是城市经济发展阶段性的必然产物。城市色彩已经不再是一个单纯的色彩问题，而是城市建设发展的重要影响因素，也是一个城市区别于其他城市文化、风貌、人文等综合价值的重要组成部分和视觉标志。

城市色彩，是指城市公共空间中所有裸露在物体外部被感知的色彩总和，由自然色彩和人工色彩两大部分构成。自然色彩即裸露的土地、岩石、植被、树木、河流及天空等；人工色彩是指建筑物、硬化的路面、交通工具、公共小品、广告店招，以及行人服饰等。城市是一个系统，城市的主色调体现在主要景观、建筑群体、植物、街道等实物色彩的组合关系中，在统一的色调之上对不同性质地区、不同年代建筑等进行色彩管控，从而达到丰富城市色彩的作用。

《中华人民共和国国民经济和社会发展第十四个五年规划和 2035 年远景目标纲要》中明确提出，[①] 城市更新已升级为国家战略，城市的更新应具体问题具体分析，对症下药，不宜以“一刀切”的模式划定城市色彩方向。

---

① 新华社．中华人民共和国国民经济和社会发展第十四个五年规划和 2035 年远景目标纲要 [OL]. 中国政府网，2021-03-13.

高速发展的现代化建设中，趋同的高科技建造手段一定程度上削弱了城市色彩的个性，割断了城市的历史文脉。城市色彩规划的介入可以有效地解决城市建设过程中存在的各种色彩问题，科学合理地规划城市未来的色彩秩序，展现城市独有的特色，建立和培育城市色彩名片，从而推进城市精致建设，深化城市现代化治理。依托科学的色彩体系，实现城市形象的科学管控，确立在各类区域、不同功能性质的建筑色彩应用标准，为城市管理者提供一套科学、严谨、经济、实用的城市色彩应用与技术管理指南。

总而言之，城市色彩规划是在协调环境与景观，打造可持续发展的城市新形象，城市色彩规划需对当地的自然环境色彩、人文环境色彩等做详尽的色彩调研，尊重自然环境色彩，彰显自然色彩与人工色彩的协调性，发挥城市色彩优势，串联城市区域色彩，合理适度地提出色彩管控措施，使新城与老城和谐过渡、新建与古建有机衔接，提升城市整体品质与竞争力。

我国的城市色彩起步较晚，最初始于 1998 年在《杭州市湖滨地区整治规划》中，色彩作为其中一项进行研究。2000 年 8 月 1 日开始实施的《北京市城市建筑物外立面保持整洁管理规定》，是我国城市色彩规划管理规范化和法治化的开端和里程碑。据不完全统计，截至 2022 年，全国已有 300 多个城市做了城市色彩规划，但由于我国城市色彩规划起步晚，而城市发展迅速，大城市不断扩张，小城镇不断诞生，色彩是在城市建设先行或是已经相对完善的状况下才开始介入，致使色彩规划的落地力不够，城市色彩同质化、一城千面、千城一面等问题突出。

3.2.1 更新问题

1. 风貌同质　千城一面

在全球化技术趋同现况下，导致城市建设趋同，城市在不断地扩张和更新下，将城市曾经的历史和特色淹没于大拆大建中，出现了“南方北方一个样，大城小城一个样，山城水城一个样，城里城外一个样”城市复制粘贴的困局（图 3-46、图 3-47）。同质化的城市建设不仅让生活在其中的市民缺乏集体归属感，也影响着城市形象的提升，反映出城市特色危机和城市文脉断裂的问题。那么探索一条让城市走出千城一面困局的道路，寻求城市色彩特色及其营造方法是城市色彩规划的基本任务。

图 3-46　长沙城市风貌（上图）
（图片来源：由北京普元文化艺术有限公司，提供）

图 3-47　兰州城市风貌（下图）
（图片来源：由北京普元文化艺术有限公司，提供）

2. 一城千面　色彩混乱

我国很多城市在建设过程中缺乏色彩统筹，没有对城市进行色彩规划，以及科学的色彩规范和监督管理，导致城市色彩应用比较混乱，城市成了“大花脸”和“实验场”，忽略了城市特色文脉，人为地盲从改变，出现了建筑与建筑之间，建筑与环境之间的色彩不协调，以及突出的新老城的色彩断裂，甚至有些建筑过于夸张自我，不但没有为城市增色，反而因其五颜六色的外表，给城市带来了视觉污染，对城市形象的塑造起到了负面影响（图 3-48）。

图 3-48 城市色彩断裂
（图片来源：由北京普元文化艺术有限公司，提供）

3. 彩度参差 “噪色”严重

有些房产开发商或是业主在建筑外立面选用了十分跳跃甚至刺眼的颜色，例如高彩度的颜色，或是较深较浅的颜色，以此张扬个性，过分强调自我，没有考虑到城市整体色彩关系，以及和周边环境色彩的和谐过渡，弄巧成拙的“色彩病”对城市整体形象造成极大的破坏，成为城市中的“噪色”（图 3-49）。

图 3-49　城市中的“噪色”
（图片来源：由北京普元文化艺术有限公司，提供）

4. 同色平铺　视墙效应

一些大体量建筑结构雷同的建筑组团在开发建设时缺乏色彩规划，导致大片建筑外立面色彩采用相同的配色和形式，对过往车辆和行人形成了视墙效应（图 3-50）。

城市色彩的研究，正是要平衡和解决城市色彩所面临的问题。通过有效的色彩研究与色彩控制，更好地让城市与自然环境相协调、延续城市历史文脉、发掘城市的自身特点，符合城市发展要求，打造出有亮点、有记忆点、有共鸣点的现代城市风貌。

图 3-50 城市中的"视墙效应"（图片来源：由北京普元文化艺术有限公司，提供）

3.2.2 更新原则

构建和优化城市色彩，体现城市特色需依靠地域文化特色来支撑。城市色彩需遵循自然原则、人文原则、功能原则、视距原则、彩度原则等，转化出一套因地制宜的城市色彩体系，并指导城市色彩规划的落地应用，提出包括城市建筑、道路空间、城市家具，以及城市广告的色彩引导性管控，助力传承城市文脉，延续城市历史，呈现城市原有的色彩记忆，结合时代特征，因时制宜，让城市色彩更好地赋能城市建设和形象塑造，以下原则为城市色彩应用的重要参考原则：

1. 自然原则

应关注城市自然环境的色彩，注意不同天空背景色彩对城市色彩的影响，倡导有鲜明地域特色和整体和谐的城市景观。

2. 人文原则

尊重城市历史建筑的传统用色和文化传统用色习惯，统一周边建筑物主色调，保护历史建筑形成的特色景观。

3. 功能原则

依据城市所处的区域，以及城市中不同的区域功能，选取既符合地域特色，又与其功能特点相协调的色彩。

4. 视距原则

城市的色彩应遵循人类视觉习惯，营造与自然景观相协调的远景色彩，体现街区连续性景观的中景色彩，以及适合行人观赏、视线转变的近景色彩。

5. 彩度原则

色彩规划通过对城市形象特质的认知，探求城市色彩特质，提出符合地域文脉和现代社会要求的形象特色，并找到实现城市色彩特色的方法。城市应严格限制大面积使用高彩度的色彩，应形成品质良好的视觉景观，驱除“噪色”。

城市色彩规划需建立在科学严谨的色彩理论和实践之上，以科学的色彩体系作为指导，立足城市的长远发展需要，切实遵循城市发展自身的客观和地域性规律，形成逻辑清晰、城市色彩有出处的用色思路，以“有限的色彩范围、无限的色彩搭配”为色彩运用原则，因地制宜、因时制宜，将规划、设计、建设统一起来，以城市品牌、建筑外立面、城市家具、户外广告等基础设施用色彩有机地融合在一起，提出色彩规划战略、明确管控策略、控制方法、管理模式、技术法规，保证色彩愿景逐步实现，共同打造一个协调发展的城市景观风貌，使城市整体色彩在统一和谐的基础上呈现出千变万化之美（图 3-51）。

通过调查地域的土壤、植物、天空的色彩，以及对就地取材的建筑色彩和风格、体现民俗的特殊装饰等，进行测色记录、归纳、总结色彩地域性特质等实践方法，从而确认该地域的“色彩特质”，通过调研得出的城市环境用色现状，针对测定的色彩进行数据整理，建立色彩数据模型，科学严谨的色彩分析，阐述该地域生活的人们的色彩审美心理，在此基础上传承与演绎一个城市的特色，进而运用在今后的城市色彩规划、城市建筑与公共设施设计、店铺招牌等多个领域，重点把控以下几方面：

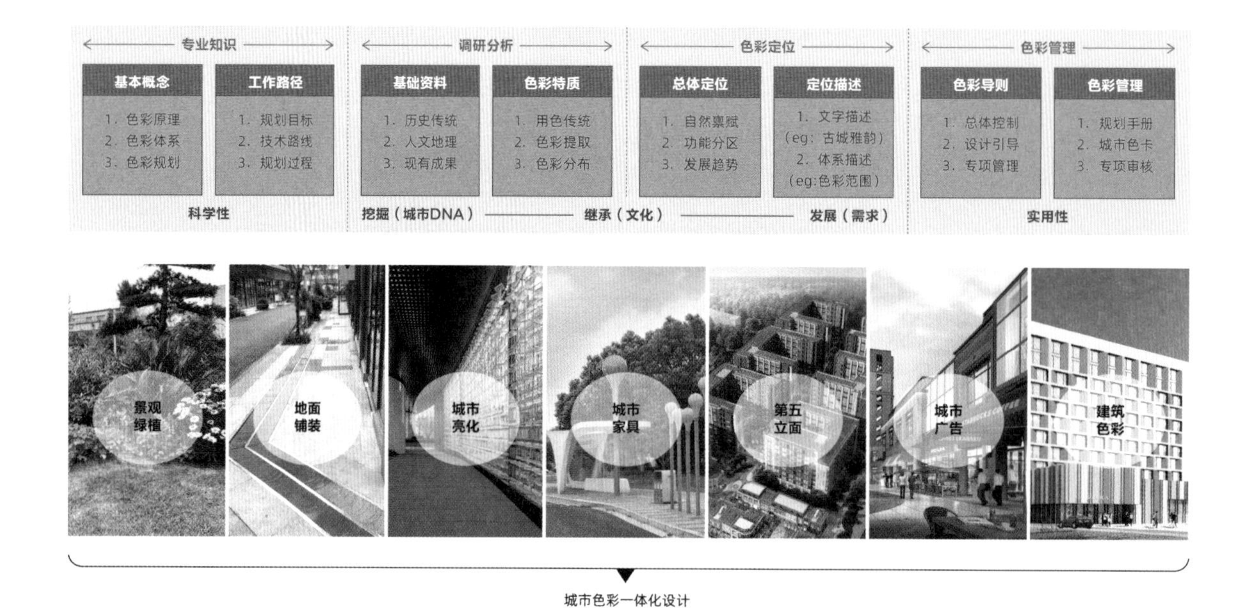

图 3-51　城市色彩规划技术路线（上图）
（图片来源：由北京普元文化艺术有限公司，提供）

图 3-52　城市色彩一体化设计（下图）
（图片来源：由北京普元文化艺术有限公司，提供）

城市色彩一体化设计要把以人为本、生态优先、现代与传统兼顾、大胆创新、分类管控作为原则，构建跨专业、跨领域的格局，整合城市各片建筑色彩规划、户外广告色彩规划、照明色彩规划、控制性色彩详细规划，以及各种专项色彩规划，构建科学、合法、合理、可持续的城市色彩规划体系，强化色彩对城市建设和发展的先导、统筹作用（图 3-52）。协同发展区域优势，挖掘城市基因色，有的城市自然资源优势明显，有的城市历史人文优势明显，凭借此类资源来确定城市发展特“色”。

一个城市的独特之处，在于其自身特色与核心价值的挖掘，而以能够展现“城市第一视觉”的要素作为色彩，其是一个城市从诞生到发展、繁荣过程中，沉淀下来的色彩文脉，涵盖了自然色彩、历史文化色彩、古建文保色彩、传统民居色彩，以及象征地域人民精神的人文色彩等自然与人工的色彩（包括天空、土壤、植被、建筑、景观、店招、雕塑等）。这些色彩构成了一个地域从古至今，自然与人文全方位的色彩环境，并传递出一个地域的地域特色、历史积淀、文化内涵与时代精神，因此这些具有地域性、独特性、传承性的色彩就构成了一个地域的基因色。

地域基因色是在朗克洛色彩地理学理论体系的基础上，提出的树立中国“地域基因色”的研究目标。不同的地理环境直接影响了人类、人种、习俗、文化等多方面的成型和发展，这些因素都导致了不同的色彩表现。城市管理者、设计团队需要从城市根源进行分析探讨，综合考虑地方个性和内涵，保护城市色彩文脉，挖掘每个城市的基因色，在深入了解当地文化传统用色习惯，尊重地方自然资源与人文资源的基础上，强调地域特色和挖掘文化内涵的原则上，通过科学的研究与技术方法，构建出一个地域独有的地域基因色色彩体系。通过实际的地域基因色色彩应用，使历史文化与现代生活相辅相成，让城市在保有文化特色的同时彰显新时代的风貌，建立和培育城市基因色名片，推进城市精致建设，增强当地居民的认同感和归属感，展现独特的城市风貌，形成一个区域持久的核心竞争力。

地域基因色的研发与应用，可以增强城乡规划的科学性，严格保护自然资源和生态环境，体现地方特色，保护历史文化遗产和传统风貌，是城市的无形资产，可大大提升城市的竞争力，“地域基因色”作为城市的品牌符号，是对城市形象的二次延伸，也是更加直观地给外界树立的城市印象。城市视觉传达、城市公共品牌、UI 界面、市场体系建设、文旅衍生品包装、城市家具、城市公共交通等都是构成到访者对城市印象的载体，利用地域的基因色来作为文旅衍生品的色彩选择应用和搭配，为城市提高核心竞争力。地域基因色助力城市建设与城市景观升级，和谐有序的色彩景观，会让城市更具辨识度，让环境更优美、宜人，让建设更有序、宜居，地域基因色的降解转换，以及建立当地色彩数据库，是当地色彩文脉的传承。

地域基因色研究应用广泛，不仅可以作为城市建设的理论依据，也可以作为城市色彩应用指导适用于区域内城市品牌的打造，地域特色文创、党建的色彩应用，新建、改建、扩建和维修的建筑，以及相应的附属设施、城市公共设施、公共景观、城市家具、店招等色彩应用。

（1）**城市品牌色彩设计：**包括城市品牌图标、IP 等品牌形象设计。

（2）**党建文化色彩设计：**建筑、室内、室外小品、文创产品、标识等。

（3）**老旧小区改造设计：**城市更新包括老旧小区改造、棚户区改造等。

（4）**新建建筑形象管控：**包括不同功能类型的建筑，如住宅、商业、办公等，以及不同体量的建筑，如单体、群楼等。

（5）**历史古建修缮维护：**古建筑规模扩建、复原、修缮及日常维护等。

（6）**公共设施整改提升：**市政小品、路牌、垃圾桶、公交站、休息设施、广告牌匾等。

地域基因色是以多学科为基础的研究，综合心理学、社会学、地理学、美学等自然、人文、科学为一体的成果，是在多年的实践经验与理论研究结合下，总结出的符合中国发展建设国情的理论体系，有地域基因色的城市不会“一城千面”，更不会“千城一面”。

3.2.3 更新案例

一个城市的色彩面貌，是城市地域特色最直观的体现。和谐有序、特色鲜明的城市色彩，不仅体现了一个城市的历史文化，更是一个城市独有的性格、精神展现。著名的浪漫之都法国巴黎，建筑墙体呈现高雅的米黄色调，建筑屋顶则为内敛的深灰色调，米黄与灰色的色彩组合，给这个城市增添了浪漫而优雅的气质。简洁明了、整齐有序的色彩环境，无论是巴黎的住宅、府邸还是集市建筑，都传达出高贵的沉着、优美、雅致美感。蓝色自古便是希腊民族所钟爱的颜色，简洁的蓝白组合，与周围的海景融为一体。作为蜜月旅游胜地的圣托里尼，蓝色代表的澄澈、白色代表的纯洁，从而传达了对于爱情的美好宣言。中国的皇城北京，厚重的文化底蕴与现代化的城市建筑交相辉映。以红色系为代表的暖色，展现了北京传统建筑皇城印象；以灰色系为代表的冷色，体现了现代建筑的时代风貌，古今融合，相辅相成，共同构成了“丹韵银律”的北京城市主色调（图 3-53）。

1. 焦作武陟基因色应用

河南省焦作市武陟县被誉为“中国黄河文化之乡”，它独特的地理位置使它因河而生，因河而兴。众所周知，黄河在世界各大河流中的独特性是它的泥沙含量巨大，这一特性既赋予了武陟县疏松肥沃的冲积平原黄土地，也带给了它“黄河在此三年两决口，百年一改道”的严峻现状，并因此演绎出了一段波澜壮阔、可歌可泣的“治黄画卷”。在武陟县，黄河水与黄土地的棕黄色系就是她自然色彩与历史色脉的双重基础。在此基础上，得益于当地优良的气候环境，丰富的植被色彩给这片棕黄赋予了灵性；而千年治黄史造就的武陟县人自强奋进的性格特点，又通过鲜艳的色彩为这一基调色注入了激情。所以武陟县的整体色脉是以棕黄色系为基调，搭配绚丽的彩色系，给人一种用沉稳厚重承托活力激情的视觉印象（图 3-54、图 3-55）。

(a)　(b)　(c)　(d)

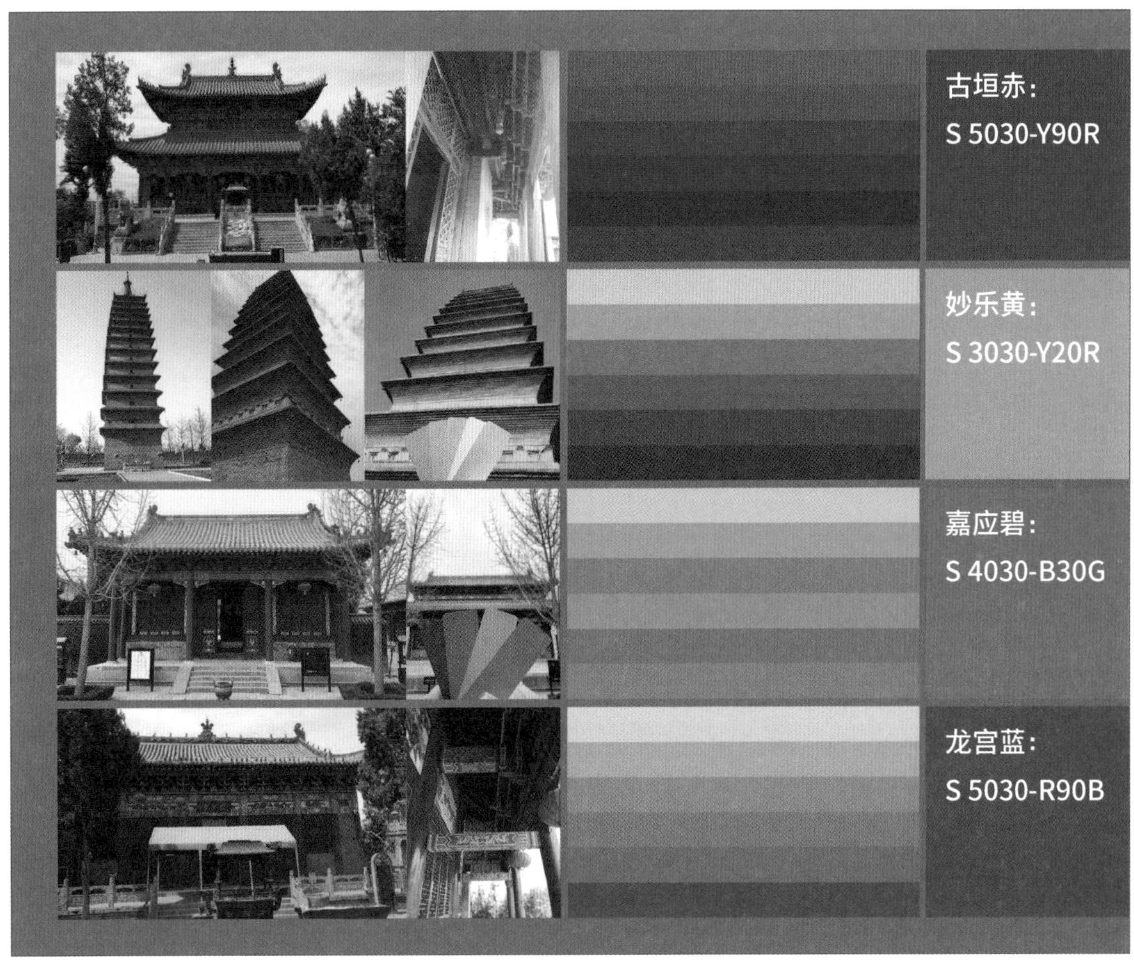

图 3–53　城市色彩实例（上图）
（a）蓝白色的圣托里尼；（b）黄色的意大利都灵；
（c）米黄色的巴黎；（d）红黄色的北京
（图片来源：由北京普元文化艺术有限公司，提供）

图 3–54　焦作武陟城市基因色（下图）
（图片来源：由北京普元文化艺术有限公司，提供）

图 3-55 焦作武陟城市基因色应用于城市建筑
（图片来源：由北京普元文化艺术有限公司，提供）

2. 青岛崂山地域基因色延展

崂山区是山东省青岛市辖区，位于山东半岛南部，青岛市东南隅，黄海之滨。辖区陆域面积 395.8km^2，海域面积 3700km^2，常住人口 50 余万人。崂山有国内一流区域科创中心——青岛中央创新区、国家级财富管理金融综合改革试验区核心区——青岛金家岭金融区、国家 5A 级旅游景区——崂山风景旅游度假区、国家首批健康旅游示范基地——崂山湾国际生态健康城，崂山是工业百强区、首批国家全域旅游示范区、山东省四星级新型智慧城市建设预试点城市、中国青年乐业百佳县市、2021 中国最美县域，集自然风光、经济优势、科技优势、人才优势于一身，其本身宜居、宜业，在诸多方面都起到了区域引领作用。

为了打造崂山特有的区域品牌，基于对色彩规划的需求，2021 年崂山区宣传部委托北京普元文化艺术有限公司与青岛普言文化有限公司牵头研究崂山的地域基因色，并编制《崂山地域基因色研究报告》。

工作团队对崂山区的自然资源、历史文化、风土人情、风貌现状等方面进行了广泛调查研究，通过城市基因色挖掘与研究工作，深入了解青岛文化传统用色习惯，在尊重地方自然资源与人文资源的基础上，强调地域特色和文化，打造出属于崂山独有的色彩体系（图 3-56），在实际色彩应用中让生活在本地的人们拥有认同感和归属感，使历史文化与现代生活相辅相成，让城市在保有文化特色的同时彰显新时代的现代化面貌。

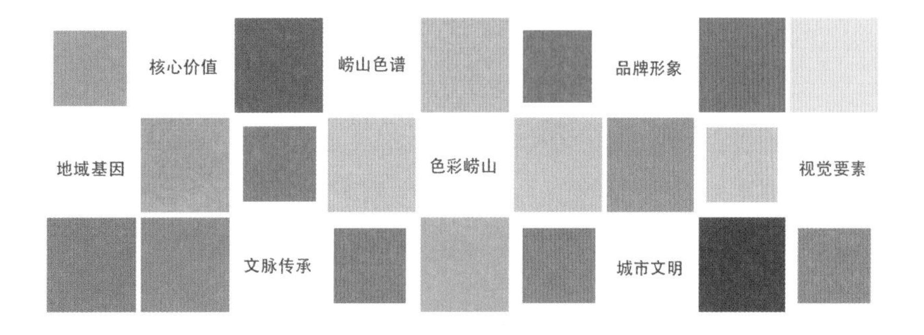

图 3-56　青岛崂山城市基因色色谱（图片来源：由北京普元文化艺术有限公司，提供）

报告由地域色彩研究的必要性与意义、城市基因色彩研究基础、基因色适用范围，以及崂山基因色挖掘和提取的过程几个部分组成（图 3-57），以“色彩地理学”为理论基础，以 Coloro 中国应用色彩体系和 NCS 国际色彩体系为应用和调研标准，从崂山的自然环境色彩、古建色彩、现代建筑色彩、文化色彩分别进行挖掘提炼，经专业比对、分析、测算，总共提取 20 种崂山色彩，最终以太清碧（086-51-23）、百合橙（024-55-34）、崂山棕（027-62-12）、云海蓝（115-75-10）、九水绿（075-53-17）及越峰砾（031-74-08）作为崂山核心基因色，并对基因色进行延展配色及应用建议。一个地域，基因定义了区域的骨骼，色彩决定了它的模样，让设计根植于当地色彩文脉中，以非具象化的轮廓写意表达，呈现具有识别性的精神传递。

崂山基因色调研分析包括自然色彩调研分析和人工色彩调研分析，自然色彩包含天空色彩、植被色彩、土壤山石色彩、水域色彩，人工色彩包含古建色彩、现代建筑色彩、文化色彩。通过专业技术人员实地调研测色提取出色彩数据，经过科学色彩工具分析总结出地域色彩特征与规律。在天空、水域色彩采集中应考虑多云阴天晴天等不同天气条件下对天空、水域色彩的影响进行多次采集，以达到数据的全面性、客观性。山石土壤植物测色应对当地土壤岩石植物等进行有条件标本采集，并封装带回实验室进行一系列处理后在标准光源下进行测色，从而保证测色的准确性。为模拟环境不同光线条件下土壤的呈现色，以及土壤无阴影情况下的色彩数据，应在标准光源的灯箱内，对不同地点取得的土壤样本、原生土壤样本和经过捏磨、过筛的土壤样本分别进行测色，获得准确数据（图 3-58）。

图 3-57　青岛崂山城市基因色研究过程（一）（上图）
（图片来源：由北京普元文化艺术有限公司，提供）

图 3-58　青岛崂山城市基因色研究过程（二）（下图）
（图片来源：由北京普元文化艺术有限公司，提供）

通过系统地分析地域自然色彩与人文色彩，挖掘提取出地域基因色。以青岛崂山基因色提取为例，此处共提取出崂山棕、太清碧、百合橙、越峰砾、九

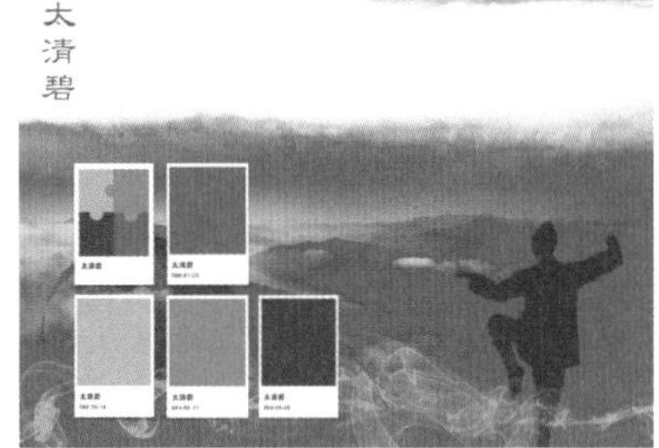

图 3-59 青岛崂山城市基因色释义（上图）
（图片来源：由北京普元文化艺术有限公司，提供）

水绿、云海蓝 6 个核心基因色，以及古垣灰、茶花红、登瀛白、穹谷青、迎春黄、映山红、沙滩黄、观海蓝、霞光橙、香茶绿等其他 10 个基因色。其中越峰砾、百合橙、云海蓝、太清碧又分别延展出同色系的几种颜色，便于基因色的实际应用（图 3-59）。

3. 成都天府祠堂街基因色应用

祠堂街基因色根植于成都深厚的文化底蕴，在一砖一瓦之中传递着成都特有的文化与精神。祠堂街基因色延续着历史，在时间的长河之中保存着成都人的生活方式、记忆、情感与文化的独特性。通过对当地文化的深入挖掘与翔实调研，总结出祠堂街基因色，并拓展到品牌图标、建筑规划等色彩应用中去（图 3-60、图 3-61）。

图 3-60 成都城市基因色来源（下图）
（图片来源：由北京普元文化艺术有限公司，提供）

基座色	辅助色	点缀色1	点缀色2
NCS 5000-N	NCS 5020-Y60R	NCS 4030-Y40R	NCS 3020-Y30R

图 3-61　成都城市基因色应用于城市建筑
（图片来源：由北京普元文化艺术有限公司，提供）

4. 九江浔阳色彩规划与设计

在城市景观建筑外立面颜色应用中，烟水银色系为淡雅的灰色系，锁江黄色系为温暖的黄灰色系，梧桐语色系为活力的橙黄色系，同时具有较强的地缘文化特征，甘棠碧色系为蓝绿相间的中彩度冷调色系，通过与上面四个色系的搭配应用，形成冷暖协调的人工环境色彩，满足观者视觉、心理对生理补偿色的需求，使九江市浔阳区的整体人工景观色彩更加生动、和谐有序（图 3-62、图 3-63）。

城市色彩的良好规划与管控是提升城市品质的重要途径，更是构建城市特色的根本，很多城市都有属于自己的“城市基因色”色谱，如“水墨淡彩”的苏州，“青瓦出檐长、马头白粉墙”的徽州，“丹韵银律”的北京……城市色

图 3-62　九江市浔阳区城市基因色色谱
（图片来源：由北京普元文化艺术有限公司，提供）

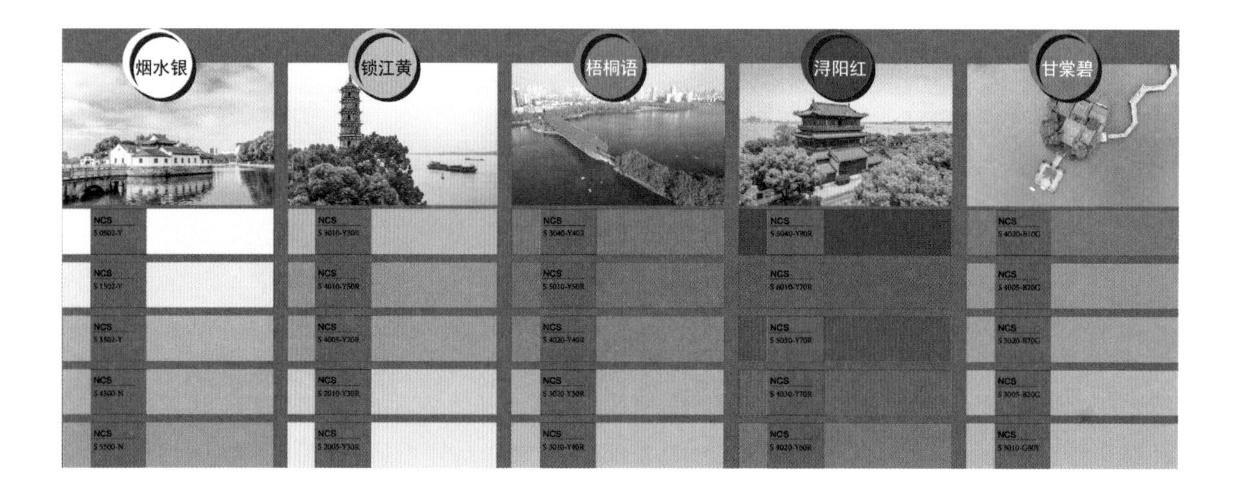

图 3-63　九江市浔阳区城市基因色应用于城市建筑
（图片来源：由北京普元文化艺术有限公司，提供）

彩体现着一座城市的文化品味，传达着一座城市的历史印记。城市色彩规划需高度重视“城市基因色”的研究，透过复杂的城市色彩环境，因地制宜打造独特的城市色彩 IP，并给予保护和发展。城市中的建筑色彩、户外广告、交通工具、公共家具等的规划设计和管控都应遵循“城市基因色”色彩体系，按区域、观测尺度、功能分类等管理城市色彩，在保持城市整体和谐适度的基础上，每个分区各有侧重，城市整体形成统一富有变化的色彩层次，这样城市色彩的建设才能独具特色、扎根历史、顺应时代。

5. 旧改建筑外立面色彩基因色应用

以江阴市锦隆社区建筑外立面色彩改造为例阐释基因色在老旧小区改造中的色彩应用。江阴市是一座滨江港口花园城市，江阴历史悠久，人文荟萃，有 1736 年建置史，山之北、水之南为阴，江阴意表江南，江阴文化属吴越文化。项目地是位于江阴市高新区的锦隆社区，成立于 2004 年 10 月，辖区面积约 0.28km^2。项目地现状建筑外立面为马赛克，整体质量较差，需要进行重新改造设计。在此，我们通过对江阴市的色彩进行详细分析调研，研发出江阴市基因色，并通过色彩规划、建筑外立面色彩设计，逐步把基因色由概念落实到老旧小区实际改造建设中去（图 3-64、图 3-65）。

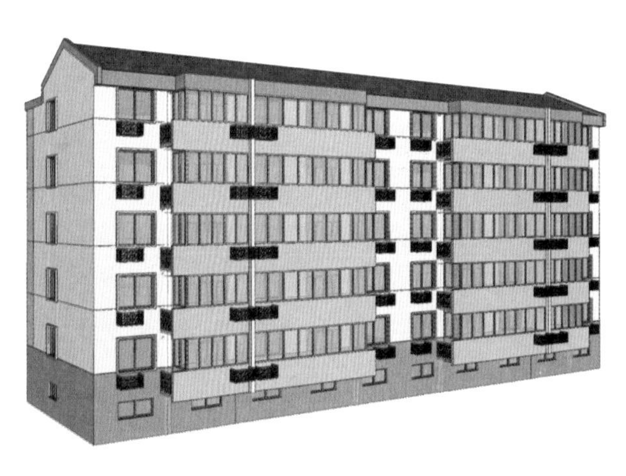

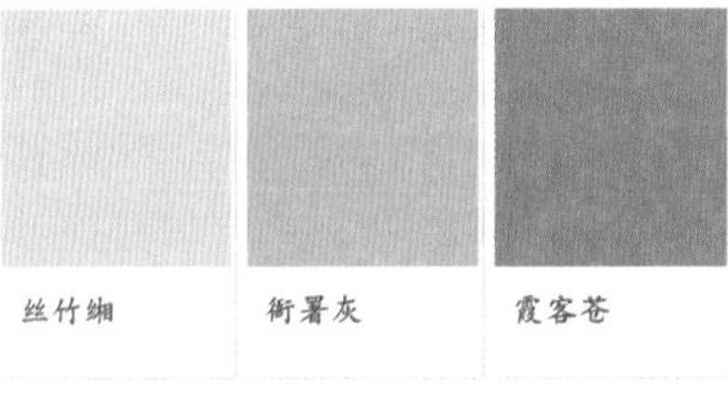

图 3-64 江阴市城市基因色色谱（上图）
（图片来源：由北京普元文化艺术有限公司，提供）

图 3-65 江阴市城市基因色应用于城市建筑（下图）
（图片来源：由北京普元文化艺术有限公司，提供）

第4章

城市美学的建构体系

不止老旧街区需要拆迁改造和投资建设，我们生活空间中一些随着社会进步和时代发展被闲置、被淘汰的设施也需要随时更新。其中，更新成果可见度较高、人们幸福指数短时能够显著提升的几个侧面包括：重构建筑立面、活化广告招牌、构建环境景观、营造公共艺术、串联城市家具、统筹夜景照明、优化声音营造。每个章节通过“更新问题——更新原则——更新案例”三段论的叙述手法图文并茂地阐述城市美学更新的各个侧面，分析优秀案例的成功经验和可取之处。

1. 重构建筑立面

重构建筑立面是在尽量不改变建筑原本结构的基础上进行表皮提升的一种改造形式，通过适当替换或新增结构部件、更改外部颜色肌理，使得整体建筑风格更加符合现代城市面貌的审美标准、色彩更加协调、功能更加实用、结构更加稳固、与周围环境更加融洽。

2. 活化广告招牌

广告招牌设置的规范与否，从侧面体现出一座城市的审美品味和治理水平。它不仅是城市道路景观的重要构成，更是树立城市发展新形象的重要窗口。因此，作为城市的一项视觉资产，广告招牌更新过程中要兼顾文化性与现代性、功能性与美观性、人性化与智能化等多种方面。

3. 构建环境景观

城市公共景观是现代城市的重要组成部分，在人们的居住环境中，园林景观好不好，不仅对城市的形象外表有着密切的联系，对于生态平衡、调节气候、降低噪声、促进居民身心健康都有一定的保护作用，许多风景优美的城市，不但要有优美的自然地貌和雄伟的建筑，而且景观效果对城市面貌也起着决定性的作用。

4. 营造公共艺术

公共艺术是城市发展到后期逐渐发挥重要作用的环节。城市公共空间的艺术氛围营造担负着调和城市色彩、丰富空间层次、美化城市形象的责任。形式多元化、功能集约化的公共艺术正成为激活公共空间的新趋势。

5. 串联城市家具

城市家具是与市民出行和生活轨迹联系最为紧密的环节。它服务于所有社会的主体，同时也为城市秩序的正常运行提供着基础运行设备。城市空间作为社会大家庭的一个载体，城市家具的美丑、新旧、实用与否等直接影响着城市的舒适度和美誉度。

6. 统筹夜景照明

夜景照明设计是打造城市夜间环境的重要手段，良好的夜景照明设计可以为城市建设带来环境品质提升、视觉美学提升和社会经济的提升。本章节从我国夜景照明建设情况、技术发展、工作内容上进行概述，对城市夜景更新的美学问题进行分析，通过实际案例看到夜间环境美学提升后城市面貌的变化。

最后，对于城市美学的提升，我们主张要时刻与人民生活的场景与细节紧密联系，以增强人民的获得感、幸福感、安全感为最终目标。

4.1　重构建筑立面

4.1.1　更新问题

1. 风格混乱　规划无序

城市的发展历经千百年，随着技术的进步，建筑的整体风貌在不断地更迭、变化，但在十几年、几十年这样的短周期内，其展现出的建筑风格是相对稳定的。改革开放以来，国内经济水平迅速提高，但人民平均审美水平一度相对滞后，这就导致了一大批美观程度不高、风格混乱拼贴的建筑落地。诸如古典中式老街内突然建一座哥特式教堂的，还有中式建筑之下装修欧式门头的，现代建筑的一半被改成中式风格的，数不胜数。这里举例并非反对不同风格的建筑同时出现，兼收并蓄、取长补短向来是中华民族优秀的传统，这里反对的是缺乏规划的无序建设。同一片街区内，建筑风格应当有其一致性和协调性，像北京老胡同，上海外滩等。

2. 外观普通　千篇一律

虽然南北方气候差异巨大，但近几十年建出来的房子却都极其相似，尤其是建成时间较长的市区建筑，以及广泛存在于郊区、乡村的自建房。这些建筑基本上都采用了砖混结构、水泥抹面，开窗形式多是方块形窗户、棋盘式布局，建筑的体块形式也是以“方盒子”为主，基本没有细节装饰。这些一统大江南北、外观普通且千篇一律的建筑，其形成原因是多方面的，有现代建筑主义的影响，有当时经济条件的限制，有大众审美水平的滞后，也有材料和建造工艺的落后。这些已建成的“方盒子”建筑，在未来还将继续存在于城市和乡村之中，如何在城市更新中让它们变得不一样，是需要重点考虑的问题。

3. 元素杂糅　遮盖立面

在建筑立面上，人们会根据功能需求安装空调外机、固定网线、电线，商业建筑还会装饰门头店招、增加户外广告，餐饮业态的建筑还会加装油烟排风管道等。如果建筑设计之初没有考虑这些功能需要，那么这些元素大概率会把立面遮盖得一片混乱：空调外机大小不一、位置随意地挂在立面上；大体量的店招会把门楣上方 2 ～ 3m 的区域覆盖住；户外广告甚至会把立面完全包裹；与建筑同高的银色排烟管道一根根矗立着；还有诸如格栅、晾衣架、楼顶字等。建筑作为城市中最重要的构成主体，应当保持其视觉完整性，所有附加其上的元素，应当以融入而非破坏的形态存在。

4. 立面陈旧　构件破损

建筑作为一种工业产物，同其他工业产品一样存在老化、破损等问题，需要进行维护和翻新。在这些问题中，立面陈旧、构件破损是最为明显的。这里的陈旧可以分为两个方面，一方面是指这些旧建筑的立面设计语言已经与时代脱节，难以融入当下的城市环境；另一方面是指立面的材质、构件污损、脱落，年久失修，需要进行修复。这里就涉及一个问题，什么样的建筑语言才算是过时的？明清古建筑算不算过时，民国的建筑风格算不算过时？每个历史时代都会形成其独特的建筑风格，需要有代表性的建筑乃至街区作为历史的展品进行保护，但城市终究是要在有限的空间内不断发展，那些缺乏历史遗存保护价值的建筑是否需要进行更新甚至是否需要推倒重建。

5. 材质低劣　品质不高

在一些老旧街区，高饱和度的涂料、各种颜色的彩钢板、成片的铝格栅、黑色的遮阳网等是常见的装饰材料，这些相对廉价的材料所表现出的建筑品质并不高。在城市更新的过程中，针对这些材质上短板，应当进行提档升级，采用诸如铝板、铝塑板、玻璃、石材等材料予以替换。

6. 活力不足　无吸引力

对于商业建筑而言，其立面的吸引力很大程度上反映着它的商业活力。鉴于这种特性，商业建筑在城市中应当是更新频率最快的。然而现实情况却是，新的商业综合体如雨后春笋般不断地出现，旧的商圈逐步没落、人气渐无，大量的老旧商业建筑要么被户外广告裹挟，要么已经变得极其普通，越发缺少商业氛围。随着发展日益完善，城市扩张压力逐渐变小，如何利用好存量建筑资源，盘活旧有商圈，恢复商业建筑的吸引力是城市更新的重要课题（图 4-1）。

4.1.2　更新原则

1. 展示特色　延续风貌原则

建筑与城市的关系：每座城市都有自己的文化基因，建筑作为城市的细胞，理应延续所在城市的风貌特征。在改革开放以来轰轰烈烈的建设浪潮中，大量的城市并没有体现出自己的特色，这也被称作是千城一面，这些受限于时代所建成的建筑已成定局，那么接下来的城市更新，正是逐步改变这一局面的最佳时机。

一座城市的印象特征，反映到建筑上，常常是色彩、材质、形态的不同。

图 4-1　城市建筑现状问题

图 4-2　城市建筑立面优秀案例（一）

比如联想到北京，很多人想到的就是红墙黄瓦、雕梁画栋的紫禁城，对于更广泛的民居建筑，则是灰砖瓦、垂花门的四合院。依据这些特征所改造的街区，比如前门大街、东四北大街等，都是非常典型的案例（图 4-2）。再比如提到苏州，很容易让人想到粉墙黛瓦、翘角飞檐和江南园林，这些特征在一些大体量的现代建筑上也体现得非常明显，像人民路、干将路沿街的建筑，当然，将苏州风貌延续到现代建筑上最典型的案例，自然还是拙政园旁边的苏州博物馆。

2. 融合环境　因地制宜原则

建筑与环境的关系：建筑从大地上生长出来，与周边的自然环境有着千丝万缕的关系。建筑在山地，可以用坡屋顶呼应重峦叠嶂，用灰瓦来消隐体量，用裸石墙面展示山地质感，比如赖特设计的流水别墅，隈研吾设计的中国美院民艺博物馆。建筑在水边，可以用白色的墙面彰显轻盈，用虚多实少的体块来强化通透感，用流线的转角和细节来呼应水流。在建筑更新过程中，可以充分利用材质、细节、色彩等手法调整来与周边的地理环境产生对话，让建筑更好地融入其中（图 4-3）。

建筑与街区的关系：在城市更新中，很多项目是整个街区的提升，这时就涉及建筑与街区的关系。对于某些历史街区，其风貌特征常常是独特存在的，如天津的五大道、青岛的八大关，类似这样街区的建筑在更新过程中，就应当符合整体的街区语境，设计语言、构件体量、立面色彩等都应当遵循现有的风貌特征。

3. 层次分明　和而不同原则

组团内建筑之间的关系：同一个街区内的建筑，虽然风格要整体协调，但不能完全一致。在以往的改造案例中，常常有一条街的建筑全部采用同一种材质、同一种色彩的情况，这种抹杀单体建筑特征，过于追求统一的做法是不值得提倡的。古人云，君子和而不同，同一片街区的建筑也应如此。建筑因其体量、位置、功能属性的不同，应当具有不同的面貌展现。在人行视角下，地标建筑的高耸和独特应当是最先展示出来的，随后是公共建筑的庄重、商业建筑的活泼，最后是办公建筑、居住建筑等一般建筑作为背景出现，总体上形成层次分明的天际线，建筑各具特征的街区风貌。在一些统一打造的历史街区和商业街区，即使是大部分建筑的材质和风格略有相近，但不同建筑之间的体量、形态也应形成差异，组合形式、布局肌理也要灵活多变（图 4-4）。

4. 匹配功能　满足使用原则

功能属性影响立面设计：在建筑立面改造中，保证建筑的使用功能是最为基础的要求。特别是对窗的调整，不能因为立面整体造型而忽视了其采光、通风和消防需求。比如用过密的格栅、透光率低的穿孔板遮挡窗户，导致室内视野变差、光线变暗的做法，是为了面子忽视了里子，是不值得提倡的。比如南京南站的山水城市——喜马拉雅中心，虽然是完全新建的建筑，但其立面格栅的使用方式是值得在建筑更新中借鉴的，这种格栅既保证了窗户的基本功能需求，又让“方盒子”建筑有了新的形态。

图 4-3　城市建筑立面优秀案例（二）（上图）

图 4-4　城市建筑立面优秀案例（三）（中图）

图 4-5　城市建筑立面优秀案例（四）（下图）

再如空调外机的问题，为了追求立面的干净不让放空调的做法也不妥当，可以结合立面的设计语言，统一设计具有装饰功能的空调机罩，将空调遮盖起来。这里需要说明的是，空调机罩的穿孔面积要达到较高的比例，以保证空调外机的通风效果（图 4-5）。

5. 细节丰富 尺度宜人原则

建筑自身的尺度、细节：对于更新立面的建筑，其原本的体量大小、体块组合形式很难进行改变，但通过调整开窗形式、改变材质搭配、增加装饰构件等手段，是可以达到改变建筑虚实变化目的的，在项目资金和建筑自身结构允许的前提下，甚至可以完全重构建筑立面效果。如重庆解放碑东南侧的两栋建筑，通过将立面进行钻石切割蒙德里安式构成线条，搭配不同颜色的 U 形玻璃幕，整体就行形成了细节丰富、活力十足的全新面貌。

除了完全重构，对于一些建筑局部进行调整也可以实现事半功倍的效果，特别是对于住宅小区的底商，在住宅塔楼不做大规模改变的情况，仅对底层商业部分进行更新，也可以让街区面貌焕然一新。如泰州海陵路综合提升案例中，着重对一层的骑楼底商进行了设计，在原本平平无奇的女儿墙上增加了几组马头墙，马头墙之间的墙头则以小的单坡顶压檐，搭配上住宅塔楼原本就有的白墙灰瓦，街区很快就透出了清新雅致的江南气息。

6. 创新设计 善用材料原则

建筑新旧部分的融合：在建筑更新中，有一个重要分类是在旧有建筑上增加新构件。典型案例如德国国会大厦，1884 年建成的古典主义风格建筑，在经历战乱后中央穹顶损坏坍塌。高技派的诺曼 · 福斯特对其进行了重新修缮，做法是保留外墙不变，创造性地增加一个全新的玻璃穹顶。再如古典主义风格的巴黎卢佛尔宫，贝聿铭先生创造性地在其广场前设计了一座现代玻璃金字塔。这种将新材料融入旧建筑的手法，并没有破坏原有语言体系的完整性，反而让旧建筑在功能、形式等方面焕发新的生命力。

再如苏州古城城区的一些建筑改造案例，旧建筑一眼望去多是鳞次栉比的白墙，新加的构件如何与之协调、呼应？当然也是要白。但这里的白便不再局限于白色涂料了，白色的瓷砖可以，白色的铝板可以，白色的穿孔板也可以，白色的 U 形玻璃还可以。旧建筑建设时其材料、工艺受限，我们在当下对其更新，便无须再困顿于原来的桎梏，应当在保持整体风格协调的前提下，创新设计、善用材料，这才是新旧建筑融合最好的方式。

4.1.3　更新案例

1. 重庆解放碑

地标性在大型户外媒体中的具体体现主要包括两个层面——物质层面和精神层面。就物质层面，它的存在极大地满足了信息传播和媒体宣传等基本功能需求。而谈及精神层面，户外广告附着的载体极大可能本身已经在城市中极具吸引力，科技和灯光的注入，能快速制造社会话题，提升城市热度，激活相关产业，进而打造“文化策源地”“时尚策源地”“城市外景地”，成为一个区域甚至一个城市的标签。

以重庆市渝中区为例，改造前的商业大厦和金鹰大厦的建筑立面凌乱琐碎，主要问题为户外广告密度过高、底商牌匾混乱无序。改造方案以钻石切割和蒙德里安的构成线条为主要构图手法进行规划设计，预留以面对解放碑的矩形位置为核心户外广告位，命名为“城市之门”（图 4-6）。设计团队以“解放碑蝶变”为主题，为城市之门设置对景联动动画。蝴蝶翅膀中承载着重庆之旅的“吃、住、行、游、购、娱”，讲述着爱上重庆、爱上解放碑的理由。“城市之门”助力解放碑蜕茧成蝶、展翼高飞，为重庆名片增添浓墨重彩的一笔。

2. 深圳华强北

华强北商业区位于深圳市福田区，前身是生产电子产品的老工业区。随着工厂外迁，商场入驻，这里逐渐变成深圳最具人气的商业旺地之一。建成初期，这里的户外广告数量繁多、秩序紊乱，品质低端。沿街建筑被遮盖，广告价值被稀释，亟待整体提升。

设计团队深入调研后得出以下结论：①片区内以商业、办公用地为主，兼顾少量居住用地。商业用地主要集中在华强北路的两侧。②建筑风格以现代建筑为主，品质参差不齐。天际线高低错落，在南北两侧和中心位置分别形成了

图 4-6　重庆解放碑建筑立面改造前后对比

图 4-7 华强北商圈建筑立面改造前后对比

三个制高点。③路网呈现“两横三纵”，其中的华强北路，既是联系城市快速干道深南大道的必要纽带，也是串联区域内其他道路的主要桥梁。密集的车流和人流，使其成为广告价值颇高的人气节点。

基于以上分析，由华强北路中间的三个视觉节点形成了“一轴一心两翼”的整体规划：“一轴”，即华强北路步行街景观轴线；“一心”，即由周围四大广场共同形成的视觉中心；“两翼”，即由北入口和南入口各两栋建筑所形成扇形视觉焦点。设计团队通过强化秩序、烘托中心、平衡布局、延续视觉等手法，完成整个片区户外广告的布局规划（图 4-7）。

4.2 活化广告招牌

户外广告是指利用户外场地、空间和建（构）筑物、市政公共设施、交通工具等户外设施，以展示牌、灯箱、霓虹灯、发光字体、电子显示屏、电子翻板、招贴栏、布幅、气球、实物造型等形式发布的公益性或者商业性广告。户外招牌指在办公或者经营场所的建（构）筑物及其附属设施上设置的用于表明单位名称、建筑名称、字号、商号的各类标识、匾额、标牌等构筑物。

户外的广告招牌既是城市形象的有机组成部分，也是城市发展质量和市民生活品质的重要参考指标。住房和城乡建设部于 2017 年 3 月印发《关于加强生态修复城市修补工作的指导意见》（建规〔2017〕59 号），[①] 安排部署在全国开展生态修复、城市修补（简称“城市双修”）工作。其中城市修补的“六大抓手”就包括城市户外广告、户外招牌的修补整治。对城市形象的提档升

① 住房和城乡建设部 . 住房城乡建设部关于加强生态修复城市修补工作的指导意见 [OL]. 住房和城乡建设部官网，2017-03-06.

图 4-8　道路两侧店铺招牌（左图）

图 4-9　英国伦敦皮卡迪利广场 LED 显示屏（右图）

级而言，广告招牌将是重要的发力点与突破口。它不仅可以传播城市文化价值、重构城市视觉秩序，还可以塑造城市地标景观，强化城市精神认同（图 4-8）。

哪里存在商铺，哪里就会有户外招牌。户外招牌是大众民生的“温度计”，是每一个商家进行商业宣传最有效、最直接的载体形式。户外广告的形式多元，包括传统的招贴广告、墙体广告、路牌广告、交通广告、灯箱广告等，也包括新兴的电子、液晶显示屏广告等。其功能也不再局限于“广而告之”的信息传播，逐渐成为增强城市品牌影响力和吸引人气的重要文化符号。从城市美学的角度来看，各类广告不再只是一味地争抢显要位置，而是转向借助城市环境公共载体，使之成为城市景观的组成部分。伦敦的地标建筑“皮卡迪利广场（Piccadilly Circus）”坐落在伦敦西区的心脏地带，是所在区域的娱乐中枢。皮卡迪利广场的大屏最初是由几块聚集在一起的广告牌置换成一整块 LED 屏幕的，更新后的大幅高清广告画面雄伟壮观，给观者带来最为直观的视觉冲击（图 4-9）。

城市广告招牌的科学规划与长效管治，是城市精细化治理的重要抓手，也是城市视觉秩序重构与城市形象塑造的重要途径。户外的广告招牌也需要美学的标准来约束和优化，给市民以积极正向的消费场景和城市生活体验。鉴于当下各个城市的广告牌匾发展水平参差不齐的现状，所以提升过程中需要兼顾公共审美偏好和功能的实用性。

4.2.1　更新问题

与腾飞的国内经济比肩并起的是城市化进程，其通常表现为人口城市化和产业结构的城市化的先行，而地理空间的城市化和社会文明的城市化平流缓进。当前，我们正处于这个时间差的过渡阶段，诸多城市在跟风建设、盲目建设的过程中，忽视了对传统文化和地域特色的保护与继承，导致建设过后出现“千城一面”的困扰。追本溯源，缺乏城市文化标识、民族特色和地方风情的城市建设是无法立足的。由于规划设计理念滞后和管制水平和方法的限制，部分广告招牌的设置水平无法与日新月异的建筑及景观环境相匹配，导致广告招牌的数量、质量与城市空间景观之间的矛盾日渐突出。纵观现状，杂乱设置、造型单一、单调死板是当下店铺招牌最引人关注的问题。

1. 违规设置　安全隐患

店招标牌存在违规设置现象，如跨街设置、LED 走字屏、架空楼顶字、利用玻璃窗设置、设置于骑楼立柱、一店多招等。如居住区、行政办公区等非商业街区的广告招牌设置方式各异，互不兼容；商业广告和公益广告不作区分，混合设置等；这些广告牌由于长期暴露在外，风吹雨打，极易生锈、腐蚀、脱落，若不定期检查维修，存在极大的安全隐患。不仅影响市容美观，破坏了舒适宁静的街区氛围，同时容易造成景观同质化的问题。

2. 破坏建筑　紊乱秩序

同一建筑界面内，店招标牌设置位置参差不齐、设置比例失调，破坏了建筑立面结构，容易造成街区秩序混乱。临街门面常出现设置多块广告牌、遮挡门窗、破坏建筑物原本架构与风格、在门面产权以外的公共场所随意增设标牌等。

3. 形式单一　创意不足

店招标牌设计手法单一，设计版面、字体缺乏创意，无法展现商家特性，区域特征不明显，造成风貌同质化。源头是广告招牌的造型、色彩和材质在设计层面缺少对城市文化、街区特征、建筑风貌等元素的挖掘运用（图 4-10）。创意的缺失使得本应成为城市风景线的广告招牌变得平庸乏味，容易造成市民的视觉疲劳，不利于街道面貌的多元呈现，还会降低市民出行的意愿，以及对城市的认同度与归属感。

4.2.2　更新原则

广告的整治提升本质上是一个从“无法”（乱差无序）到“有法”（秩序和谐），再从“有法”到“无法”（百花齐放）的过程。以开放的思维开发、以自律的标准运营是政府对城市广告招牌领域开发管理的关键。在科学地规划

图 4-10　广告招牌现状问题

设计与管理引导下的广告招牌，将展现有序、丰富、多样的魅力，积极参与到城市新视觉秩序的整体构建活动中。

良好的城市视觉秩序是城市美学更新的基础。“如何活化广告招牌，使其更好地融入居民生活、配合公共空间环境、凸显城市文化特色”是当下亟待探讨的城市设计与发展领域的重要议题。日本的东京主张以片区开发的思路推进重点片区的城市有机更新，由重点片区向全域范围推进，创新更新制度体系，激发更新动力。同时政府、私营企业、个人团体等多方力量共同参与寻求最大利益公约数。

近年来，户外广告招牌经过政府的有效干预与科学管控，按照“一条街一条街清，一个巷一个巷整”原则“一街一标准、一店一特色”要求，逐渐从“数量多、造型杂、点位乱”向“景观化、艺术化、系统化”发展。不仅在造型设计、色彩景观等方面突出展现城市特质，还综合考虑与周边绿化景观、公共设施的结合，使各种视觉元素和谐共存，力求真正做到“盘活场景，融入城市”。近年来，深圳按照“合法化、品质化、减量化”的管控目标，优化广告招牌布局、注重视觉品质提升、从严控制增量区间，不断规范广告招牌的设置管理。

广告招牌的设置管理不仅要认识、尊重、顺应城市发展规律，契合城市发展方向，还要充分了解广告行业，准确把握行业更新趋势，将城市展示与媒体技术有机结合，才能引导户外广告行业的良性发展，构建和谐有序的城市秩序。广告招牌的设置管理可以从系统性、前瞻性、文化性、整体性、多元性、地标性、融入性和长效性八个方面去调节把控（图 4-11）。

图 4-11 广告招牌设置管理的八大原则

1. 系统性原则

没有系统的管理体制，广告招牌的规范治理就无从谈起。目前很多广告招牌工作中的问题，都是由于法规不健全、规划不到位、权责不清晰、管理欠协调、运营不完备等造成的。所以要明确设置管理维护主体责任，明确城市管理部门的监督检查职责，并对违反设置要求的行为规定法律责任。广告招牌管理的系统性核心在于管理政策的稳定性和全面性，即通过稳定长效的管理政策完善行业规范、引导各级商户。系统性的管理体制与系统性的规划设计，二者相辅相成，共同构成广告招牌的规划管理体系。完善系统的广告招牌管理体制应从立法先行、规划引领、部门联动、模式创新四个环节层层深入（图 4-12）。

2. 前瞻性原则

经济的快速发展势必会催生出更多的宣传需求，城市形象也会因此而发生变化。这就要求我们在新的时代背景下作好预判，对未来城市发展的方向和宣传需求的转变先一步进行准备，制定前瞻性的策略以拥抱新机遇，应对新挑战。首先，广告招牌规划要融入“大蓝图——多规合一”，对城市尚未建成的区域提前制定管治策略，为城市未来建设提供方向引导（图 4-13）；其次，找准规划发力点，山西省市发力点定为建设“国家级历史文化名城和具有国际知名度的文化旅游城市”，卓有成效；最后，积极吸收行业的迭代成果，例如时下热门的面部识别、热感应、AR 增强现实、全息投影等新技术。

3. 文化性原则

每一座城市都有自身的历史文脉，而城市文化特征符号则是在城市发展过

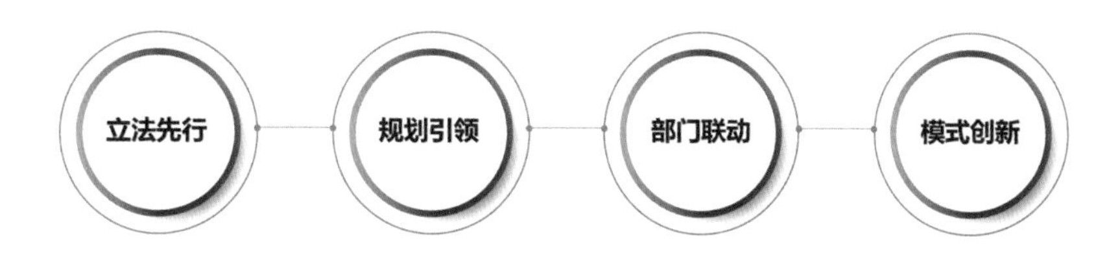

图 4-12　广告招牌管理体制（上图）

图 4-13　南京市新街口商圈的户外广告规划（下图）

程中经过客观和主观的筛选后最终得以保留的，是这座城市形成的最有代表性的认同与表达。因此，我们要坚持传承与创新并重，充分保护和利用好文化遗产，留住城市的“根”与“魂”，避免一味地求新求异，使城市文化得到更好地诠释（图 4-14）。

（a）　　（b）

图 4-14　城市文化特征符号体现
（a）常州天宁区青果巷特色牌匾；
（b）南京民国风情街区户外招牌
（图片来源：（a）由常州市城市管理局，提供；（b）由作者自摄）

以国家 70 周年庆典为例，镶嵌在天安门广场上的两条轻盈灵动、飘逸飞舞的红飘带，象征着红色基因连接着历史、现在和未来，是红色基因传承和节日欢乐喜庆的象征，为庆典仪式营造了光彩夺目的节日气氛，充分展示了中华民族的文化自信。

4. 整体性原则

城市空间是分层次的，建筑、景观、道路等在平面或立面空间都占据着不同比例和位置，主次分明、交叉有序，经过长时间的测试和调整，才形成我们现在的高效通行、整洁靓丽的城市界面。区别于建筑、道路、桥梁等主要空间部件，广告招牌属于点缀性元素，鉴于整体性的考量，建议通过“面、线、点”的整体规划布局，使广告招牌在整个区域中发挥疏密有致的点缀作用，在主要商业道路上形成跌宕起伏的视觉节奏，在人气较高的节点上形成全景联动的视觉高潮。借由广告招牌的关注度和吸引力，助力城市实现塑造活力中心、打造示范道路、聚焦人气节点三个层级的城市美学提升（图 4-15）。

5. 多元性原则

成功的广告招牌设置状态并非整齐划一、别无二致，而应是错落有致、百花齐放。广告招牌所在的区域属性、建筑个性和设置条件各不相同，所以城市的多元性决定了广告招牌的多样性，也因此无法以统一的标准去衡量一座城市中广告招牌品质的高低。只有充分了解所在城市发展实际需求，才能根据形式和功能匹配出最恰当的组合方案。

图 4-15　华强北路户外广告规划的整体性
（图片来源：由北京清美道合规划设计院有限公司，提供）

图 4-16　多元的户外招牌

广告招牌的多元性主要表现为视觉形象的多样，通常从形式、材料和功能三大方面作描述。具体来说，即通过对艺术造型、文字图标、材质工艺等具体参数的导向控制，使其既融于环境又兼顾特色、吸引人气的同时提升街道氛围（图 4-16）。

6. 地标性原则

“地标”是人们提及一座城市，最容易联想到的词语，其也正在成为城市提升知名度的重要途径。大多数情况下，地标并非词语本身的指代，更多的是为城市的发声。全国 600 多个城市中，有太多不见经传的城市，因此城市要想稳步发展，拥有至少一个地标属于基本建设。塑造地标，要做到两点：第一点为“形有所指”，是针对物质层面来说，地标需要一个具体的实际存在的形象；第二点为“言之有物”，是针对精神层面而言，它是一座城市或一个特定区域的文化象征或特色凝练，是人们去过之后的回忆和到达之前的向往。高品质的广告媒体可以将一栋建筑、一个商圈甚至一个城市的知名度短期内大幅提升，所以这不仅是一种符号，更是城市文化特征和精神内核的物化体现（图 4-17）。

7. 融入性原则

广告招牌依托于城市而存在，与城市相生共荣。城市景观形态的诸多构成要素之间应是相互协调、井然有序的结构关系。功能化、雕塑化、景观化的广告招牌融入城市空间是未来城市发展的必由之路，将广告招牌与城市景观统筹考虑、依据环境和需求合理规划，并融入巧妙创意、才能使城市空间环境更加丰富多元、融洽和谐。广告招牌在城市中应尊重建筑，低调融入，或者重构建筑，与时俱进，要综合考虑与周边绿化景观、公共设施的结合，使各种视觉元素和谐共存（图 4-18）。

图 4-17 重庆“亚洲之光”显示屏（上图）

图 4-18 如皋市户外广告改造前以及改造方案（下图）
（图片来源：由北京清美道合规划设计院有限公司，提供）

8. 长效性原则

广告招牌涉及城市管理部门、自然资源与规划部门、市场监督部门等多部门的管理职责，若不明确管理主体，未形成协同合力，则容易出现政出多门、多头管理的混乱局面。这就要求政府部门以城市广告招牌规划体系为基础，以市民居住环境、审美需求为源泉，以提升城市品质为目标，优化人居空间，以“绣花之功”将广告招牌这一细节打造得更规范、更靓丽，扎实有序地推进各项规范管理工作（图 4-19）。

近年来，越来越多的城市开始重视广告招牌与场景雕塑、公共艺术的结合（图 4-20）。拥有户外媒介属性的公共艺术，可以吸引商业投资与运营。这不仅大幅节约政府建造和后续维护的成本，还能有效提升公共空间的价值。例如，传统商圈可在符合规划的前提下，自主打造与公共艺术结合的浮雕广告招牌、门头雕塑、优化主题立面、增设特色灯光等，逆势而上。以消费半径的扩大、消费群体的拓展、商圈业态的重构、传统文化的注入等手段，实现传统商圈的全方位升级。除了高额的商业收益回报，还可以为整座城市提供一个展示文化和动态的新窗口，打造新的话题点和打卡点，最终实现整个商圈的流通效率全面提升，消费活力和公信力随之高涨。

图 4-19 广告招牌提升前后对比（上图）
（图片来源：由北京清美道合规划设计院有限公司，提供）

图 4-20 马栏山与景观融合的广告媒体雕塑（下图）
（图片来源：由北京清美道合规划设计院有限公司，提供）

4.2.3 更新案例

在网络化运营和“网红经济”等多重因素的冲击下，传统商圈一度式微、举步维艰。“如何让传统商圈焕发新活力”一直是人们谈论的热门话题。首先，对不合理的业态布局进行提档升级。引进新的消费模式是最快见到成效的途径之一。虽然“迎合年轻人的口味”“主打体验式消费”“构筑集购物、观光、学习、休闲、娱乐、餐饮及聚会于一体的消费业态新模式”等新型理念，在经过大量实践证明是行之有效的，但仍需结合商圈自身基础量力而行。其次，在引进新潮流的同时，还要注重对城市中文化底蕴的充分挖掘，因势利导加以组织和推广。只有传统文化的注入才能真正激活传统商圈，焕发新生机。最后，改善老交通，激活新人气交通条件的舒畅也是传统商圈得以全面回春的重要保障。只有因势而谋，应势而动，顺势而为，才能变腐朽为神奇，实现传统商圈的自救。

1. 苏州工业园区与观前街立面提升

苏州是首批国家历史文化名城之一，同时还是全球首个“世界遗产典范城市”。粉墙黛瓦、流水人家、树影婆娑，这如江南水墨画般的姑苏老城景象，令人心驰神往。走进苏州，会发现这座城市既有古朴传统的一面，也有高耸的地标、林立的建筑、快步发展的国际化的一面。

《苏州市店招标牌设施个性化设置导则》[①]（以下简称“《导则》”）是国内首部以招牌个性化设置为切入点的顶层设计文件。通过放大店招标牌“美学美商”的影响力，让城市“烟火气”与“洁齐美”和谐共生，苏州市城市管理局结合《苏州市城市总体规划》《苏州市区商业网点布局规划》等相关规划和城市发展现状出台了该《导则》。近年来，苏州市城市管理部门不断探索引导个性化店招店牌的设置，让其成为城市的一景（图 4-21）。

图 4-21 《苏州市店招标牌设施个性化设置导则》指导成果
（图片来源：由北京清美道合规划设计院有限公司，提供）

“风格统一并不等于美，灵活多元并不等于乱”。在安全有序的前提下，政府为苏州市广大商铺店家提供样板、节约成本，引导和帮助其招牌更加具备风格和辨识度，充分发挥店招标牌展现个性、吸引顾客的积极作用。

因此，《导则》也将延续苏州城市发展脉络，从传统和现代两个维度入手，以“古今皆精彩，双面秀苏州”为主题，探寻不同城市肌理下的店招标牌的设置思路和方法。整座城市根据不同的地域属性被分为“苏式古典展示区”和“现代都市展示区”两大板块，分别从招牌与建筑的关系、样式的创新、尺寸的选取、

① 苏州日报. 苏州市发布国内首部以个性化设置为切入点的店招标牌设置导则 [OL]. 苏州市人民政府官网，2021-12-28.

字体的应用、符号的挖掘、色彩的搭配、材料的选择，以及灯光的布置八个方面作出进一步的阐释与限定。

苏州另一个具有代表性的广告招牌提升区域是观前街商圈，位于苏州市的古城中央，在临顿路和人民路中间，东濒平江路历史文化街区，南临苏州公园，西接城隍庙，北靠苏州火车站和北寺塔报恩寺。主街全长 780m，因古寺玄妙观而得名。

观前街旅游人气较高，整个广场的改造从挖掘文化符号因子入手，通过对青瓦屋顶、大片白粉墙的艺术化提取，形成简练的几何线条的穿插，富有韵律的曲线作为点缀，柔和建筑立面和广场景观的空间感（图 4-22）。“人家、流水和树影”是核心设计语言，流动广场曲线象征着蜿蜒的河流深入各个商家，抬眼望去，仿若山水画面般的建筑立面赫然映入眼前，让游客与市民仿佛置身于一幅缱绻的江南山水图中，流连忘返。艺术化的改造不仅在视觉上实现了飞跃，更是营造了一种全新的商业意境。

2. 西安榆林古城店铺招牌

《住房和城乡建设部关于在实施城市更新行动中防止大拆大建问题的通知》（建科〔2021〕63 号）[①] 中提出“全力保留城市记忆，探索可持续更新模式”。鼓励推动由“开发方式”向“经营模式”转变，探索政府引导、市场运作、公众参与的城市更新可持续模式。西安榆林以“策划先行、运营前置、规划引领、

图 4-22　苏州观前街商圈广告招牌提升
（图片来源：由北京清美道合规划设计院有限公司，提供）

① 住房和城乡建设部. 住房和城乡建设部关于在实施城市更新行动中防止大拆大建问题的通知 [OL]. 住房和城乡建设部官网，2021-08-03.

设计定制、持续熬制”二十字工作方针，在古城大街及 13 个店铺改造项目中，做到空间更新和产业需求无缝对接，注重前期运营意识，高效精准把控项目定位及功能，提前在策划阶段解决改造工程落地后的招商运营问题，盘活城市功能，打造城市更新的可持续发展模式。

过去的榆林古城大街南崇文、北尚武，从文昌阁到鼓楼，每一段的文化底蕴、民风民俗都不尽相同。如今整条大街建筑外观整齐划一，风貌却显单调乏味。古城大街南北贯通，长达 2.5km，为单一线型空间；整条大街由相同的景观元素串联，树池、座椅均质化布局，缺少趣味活动空间节点。

对这条街美学更新的首要抓手就是大街两侧店铺的广告招牌更新，井然有序、丰富有趣的店铺招牌勾勒着市民生活的起承转折，书写着街容道貌的沉浮俯仰。现有的店铺门窗多为木制，存在大量掉漆、破损和变形的现象，亟待修复；店铺匾额以黑底金字居多，文字字体多是行楷、新魏等常规印刷体，且设置形式过于统一，难以展现不同店铺业态的个性与活力；还有不少店铺在玻璃上直接张贴经营内容，大大的白边红字，观感档次不高。因此，如何在既满足“菜单”的展示需求又同时保持整体街道面貌的美观，是最棘手的问题。

在门窗修复、更换的基础上，方案对店铺匾额进行了重制设计。“一街一标准、一店一样式”是基本原则，根据店铺的业态的特点，调制不同的匾额底色，雕刻独特的边角花纹。特别是店名文字，邀请了榆林著名的书法家定制书写：业态时尚的店铺则“飘若浮云，矫若惊龙”，业态庄重的店铺则“爽利挺秀，骨力遒劲”，业态古典的店铺则“朴拙险峻，舒畅流丽”。匾额的尺寸和位置也进行了调整，使其尺度匹配门店的大小，高约 0.5m，长约 1.5m，位置居于门上而非柱上。

对于经营内容的展示需求，方案也为有特殊需求的店铺进行了定制化设计，对应的餐饮店则增设了古典样式的菜单木牌，木牌上的菜名也由书法家书写；服装店则制作了小挂件，用于展示品类招揽顾客；咖啡店则是设计了小型竖招，在古街上增添现代风味。配合上柱头悬挂的灯笼和夜景灯光设计，沿街店铺必将发生翻天覆地的变化，正所谓“古街也要焕新颜”（图 4-23）。一系列行之有效的提升措施发挥并实现文化经济效应及聚集效应，不断吸引设计、文化、艺术从业人群参与进来，从而强化榆林古城的文化 IP，打造有全国影响力的非遗之城品牌。

图 4-23　榆林古街商铺牌匾提升对比（上图）
（图片来源：由都市更新（北京）控股集团有限公司，提供）

图 4-24　常州市店铺招牌案例赏析（下图）
（图片来源：由常州市城市管理局，提供）

3. 常州汉江路街道立面广告

伴随着常州高新区的成立和发展，汉江路商业街区在这里天然形成，它紧邻国家 5A 级旅游景区中华恐龙园，全长约 780m。近年来政府通过对沿街商户的服务业态、广告招牌、沿街立面、景观树木、市政设施和夜景灯光的升级改造（图 4-24），实现了对整个街区进行提档升级。此次提升主要的特色可概括为以下三方面：

1）颜值塑造新亮点

政府翻新店铺建筑外立面，设计创意店招，以“风、韵、雅”中国传统文化为灵感进行店铺美学设计，打造成为集“都市风情、生活韵味、雅致情调”于一体的现代化生活街区。政府推进绿化提升、灯光亮化等工程，开辟大面积公共活动空间，增设商业外摆区、网红打卡区、文化氛围区和行人休息区，构建多层次的场景体验。

2）科技赋能新动力

政府在入口广场设置超 400m^2 裸眼 3D 格栅屏、全息投影、声光电相结合的楼体光电板等，结合不同造型的建筑立面、广告招牌和景观绿化，运用动静结合的灯光音响，营造出一步一景的场景体验，运用科技手段吸引游客驻足。

3）智慧服务新举措

政府整合街区功能，结合线上各式宣传平台，构筑“互联网 +”时代下的智慧化商业街区。除此之外，还对机动车、物流车、非机动车停放，室外管线等多项功能进行优化，升级雨污、燃气、通信等基础配备设施，提升街区精细化管理。

此次提升主要从三个层次展开：**首先，先行先试，探索老街活力更新。**结合历史底蕴、产业现状和区位特点，改造团队对街道景观详细分类，为店面量身定制个性化店招进一步优化人居空间，改造建筑立面、增设 3D 电子屏幕和幕墙、定制设计景观铺装等，并推行示范段先行的方针，逐步逐项开展工作，对汉江路有步骤有节奏地提档升级。

其次，文旅融合，赋能街区品质提升。新北区抓住当下消费模式的转变，聚焦“微度假”，以“微更新”为脉络，不断优化街区功能定位、融合文商旅体验，重视多元文化的注入与生活氛围的营造，精准定位客群需求，打造更具文化体验性、消费舒适性、现代多元化的城市新地标。街区内文化元素符号特色鲜明，增设了一系列文化景观，布局新型互动式业态，常态化组织和展示烙画、刻纸、抖空竹等非物质文化遗产活动。

最后，强化管理，打造城市发展新名片。为加强汉江路国际街区的管理，属地专门成立汉江路社区，积极统筹周边商务、旅游、社会服务、公共设施等各种资源。其次，通过深化网格化社会治理机制；此外，还设立汉江路运营管理办公室等，通过探索汉江路国际街区新的治理模式，不断提升城市治理现代化水平。

如今的汉江路国际街区，正以全新的姿态探索城市新美好，一面连接历史，一面拥抱未来，探寻一条内涵集约式高质量发展的新路（图 4-25）。

图 4-25　常州汉江路立面广告招牌提升对比
（图片来源：由常州市城市管理局，提供）

4.3　构建环境景观

随着城市化建设的快速发展，人们对于城市生活的品味、改善城市生活环境有了更高的追求，城市环境美学的展示及城市公共环境品质的提升逐渐为人们所重视，同时也成为塑造城市形象的重要手段。城市环境美是城市环境优劣的标志，它直接影响市民的身心健康、道德修养、审美情趣等。如何利用城市环境美学原理合理地进行景观设计，使城市环境能够实现可持续发展，让城市充满自然风光又能体现人文内涵，从而构建和谐社会，成为急需解决和研究的重要课题。

图 4-26　常州市天宁区青果巷历史文化街区
（图片来源：由常州市城市管理局，提供）

城市景观设计要以城市整体规划为基础，一座城市的建筑物、公共设施、道路、街头绿地、广场等组成了我们共同生活的城市，但这些城市组成组分的建设都应在城市的整体规划下实施，城市景观作为城市环境的重要组成部分，设计和建造都必须符合城市的整体规划要求，满足人们的使用需要，与周边环境相协调，从而体现城市历史文脉，这样的城市景观才能永久存在（图 4-26）。

现代景观规划设计包括视觉景观形象、环境生态绿化、大众行为心理三方面内容。视觉景观形象主要是从人类的感受要求出发，根据美学规律，利用空间实体景物，研究如何创造赏心悦目的环境形象；环境生态绿化主要是根据自然界生物学原理，利用阳光、气候、动植物、土壤、水体等自然和人工材料，创造出令人舒适的、良好的物理环境；大众行为心理是随着人口增长、现代多种文化交流，以及社会科学的发展而注入景观规划设计的现代内容（图 4-27）。它主要是从人类的心理精神感受需求出发，根据人类在环境中的行为心理乃至精神活动的规律，利用心理、文化的引导，研究如何创造出使人赏心悦目、积极向上的精神环境。通过以视觉为主的感受通道，借助于物化的景观环境形态，在人们的行为心理上引起反应，就是一个成功的城市景观给人们带来的感受。

4.3.1　更新问题

近年来，随着我国城镇化进程的加速推进，城镇化进程已进入高质量发展

（a）　（b）

图 4-27　现代城市景观规划设计（上图）

图 4-28　环境设施陈旧老化问题（下图）
（a）无植物绿化、架空线杂乱；
（b）人车混行、地面铺装陈旧、缺少公共服务设施

阶段。大部分城市存在大量的老旧城区，使得城市建设管理遇到了诸多的问题和挑战，例如环境设施、城市街道风貌、智慧城市信息化管理等方面。

1. 环境设施　陈旧老化

街道景观是人类生活最集中的地方，同时也是城市风貌，居民生活质量和地域文化传统最直接的表现。但随着社会发展和人们居住模式的转变，必定会对城市道路、住房、环境等方面提出新的要求，例如老旧城区市政道路设施老旧，部分空间环境规划不合理，尺度设计陈旧、使用功能达不到预期效果，城市基础设施严重匮乏，城市功能布局不平衡，多种不利因素严重影响居民生活质量和城市形象。

街区内交通混乱，多数街道存在人车混行，人行空间不连续等问题；街道景观系统层次不分明，种植层次单一，植物季节性不强等；缺少无障碍设计、设施小品缺失，样式单一，周边绿地环境卫生较差；公共服务设施例如指示牌、休息座椅、垃圾桶等数量不足或缺失（图 4-28）。

（a）

（b）

图 4-29　城市街道缺乏特色
（a）公共服务设施缺乏艺术性；
（b）非机动车侵占人行空间、缺少公共服务设施

2. 城市街道　缺乏特色

受社会制度、文化等影响，每座城市都有它与生俱来的魅力和价值格调，但是在当代的城市发展背景下，中国城市存在朝“千城一面”发展的趋势，在当下的经济形势下，街道景观在环境质量、功能，以及艺术上的退化现象尤为明显，这些因素的出现已经严重影响城市的形象，并不能给城市居民带来舒适宜人的环境，而不重视城市文脉基因的保护和传承，大拆大建，更导致城市发展成为零识别的城市，使得城市本身缺少独有的魅力和价值。街道已经不能反映出一个城市独有的艺术情操，也不能传递出舒适、和谐、优美的视觉享受，更难以体现城市的魅力和价值（图 4-29）。

3. 智慧城市　难以展开

随着互联网时代的到来，老旧城区街道更新改造与“互联网”“人工智能”未能实现有效融合，智慧城市管理缺少基础设施和信息支撑。“软件”层面较少利用大数据、云计算、移动互联网技术，BIM、GIS 等可视化技术与城市更新也未能有效结合；“硬件”方面未超前布局智慧路灯、智慧井盖、智慧卫生间、智慧公交车站等信息化设施，未建设宽带、融合、安全的通信网络和智能多源感知体系（图 4-30）。

4.3.2　更新原则

街道景观的营建是人居环境建设的根源，一个良好的城市并不是建筑物、构筑物的堆积，它要有舒适、宜人的环境，而建设舒适、宜人的城市街道景观无疑是提高城市环境艺术水平必不可少的环节，同时也是城市风貌，城市经济发展程度、居民生活质量和地域文化传承最直接的表现，因此在旧城改造过程

图 4-30　市政设施陈旧，存在安全隐患

中，就要对城市进行“有机更新”，通过这种方式逐步建立一种有秩序，可实施的城市更新原则（图 4-31）。

1. 安全优先　舒适宜居原则

在城市发展过程中，城市街道的建设与管理以提升机动车交通组织效率为主要导向，对街道的功能，人的需求重视不够，因此在城市更新中要转变街道建设理念，充分重视人的交流和生活方式，将空间由车行优先转变为人车兼顾，甚至是人行优先；优先将空间分配给人行道和公共活动空间，营造出安全舒适的街道环境。

2. 文化传承　美丽展现原则

加强文化传承理念的宣贯，提高历史文化保护意识，改造过程中依托城市

图 4-31　城市公园入口景观

自然山水资源、历史文化资源和典型特色风景等，塑造城市风景、展示城市风貌。尊重历史文化，塑造特色城市景观、提升城市形象。

3. 绿色出行　和谐共存原则

倡导绿色出行，优先保障绿色交通换乘空间及设施需求，鼓励倡导更健康的出行习惯，加强街道功能复合，兼顾活动与景观展示需求，对城市空间进行统一整体考虑，对慢行交通、公共交通、街道活动、绿化景观等进行统筹考虑，从而提升街道界面的丰富性和视觉层次，强化街道特色。

4. 智慧服务　高效便利原则

鼓励利用大数据、移动互联网、智慧园林、智能家居等现代技术，将智慧城市理念贯穿至城市更新改造及运维全过程；通过运用智慧路灯、智能楼宇系统、智慧泊车等数字信息技术改造市容市貌，建设 5G 通信网络和智能多源感知体系，为老旧城区改造更新提供智慧基础设施和智慧信息支撑，整合多方数据，建立数据检测管理平台，打造综合智慧管理平台。

4.3.3　更新案例

1. 南京百家湖硅巷

百家湖硅巷位于江宁百家湖片区属于典型的南京老工业区，位于通淮街以东、秦淮路以南、秦淮河以西、胜太路以北，面积约 2.3km^2。它北接高铁南站，南邻百家湖商圈，周边分布多个地铁站点，轨道交通无缝对接高铁港，区位交通十分优越。

1）开放街区：打造无界共享的创意园区，营造特色鲜明“城市空间”

百家湖硅巷的设计提出了“无界共享，绿趣硅巷”设计理念，即结合片区更新计划，对重点街道开展详细设计，打破边界壁垒，对道路交界面进行设计重构，激活原本封闭空间，真正实现规划意图中企业公共空间与市政道路界面的“无界共享，开放共融”。同时，提炼硅巷科技创新特色符号，对片区城市家具、视觉导视，灯具照明、雕塑小品、绿化种植等多个专项进行一体化统筹设计。为城市空间注入更多互动艺术元素，营造出具有文化品位的城市空间，强化硅巷园区整体景观形象和文化品牌输出（图 4-32）。

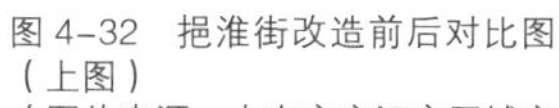

图 4-32　挹淮街改造前后对比图（上图）
（图片来源：由南京市江宁区城市管理局，提供）

图 4-33　硅巷舒适的办公区和生活区（下图）
（图片来源：由南京市江宁区城市管理局，提供）

2）回归生活：感受交往与文化的活力社区，塑造活力多元“美丽街巷”

公共空间除了在硅巷区域创造极具标志性的视觉形象，营造独特场所感之外，片区公共空间也是享受生活、展现文化、促进交流的共享空间。

针对片区不同的用地类型和人群需求，专门为不同年龄段和使用者设置了社区口袋公园、街道花园，以及滨水休闲、康养健身等丰富多样的功能空间，形成具有温度的活力场所，让硅巷不仅是设计工业的办公片区，也是以人为中心，联系工作与生活的活力社区（图 4-33）。

3）自然生态：体验自然环境的生态街区

公共空间的设计，应当适当地放松，让人感到舒适与惬意，而不是紧张，特别是在工作节奏繁忙而劳碌的高密度大城市，自然植物就愈发显得重要。

百家湖硅巷设计保留了现状长势良好的树木，同时结合不同街道的特色定位，打造不一样的种植风格，强化片区种植特色。在原有行道树基础上，部分街道补充以春花乔木“染井吉野樱”、秋色叶“娜塔丽”作为行道树，搭配夏花乔木“小叶紫薇”及秋花乔“木桂花”，以及品种多样的宿根花卉，打造自然花境，形成色彩明亮、特色鲜明的活力街区，以让更多的市民，以及工作的人群，感知自然的美丽，从而放松心情、缓解忙碌工作而疲惫的心灵（图 4-34）。

4）智能交通：打造“高效、安全、环保、舒适、文明”的特色智慧交通体系

在智能交通上，硅巷在路口引入了非机动车专用信息导行标志、特色发光斑马线、骑行线，沿线增设智慧灯杆、智慧公交站等，加强道路智慧管理理念。

百家湖硅巷的改造，从整体片区更新入手，在研究地块更新、建筑退线、街区空间、道路交通、公园体系等的基础上，一体化全过程跟踪服务，从规划到设计到实施，以开放街区、共享空间为目标，以人的需求为出发点，打造一个有温度、有活力、有特色的城市公共空间（图 4-35）。

图 4-34　硅巷景观改造（上图）
（图片来源：由南京市江宁区城市管理局，提供）

图 4-35　硅巷发光斑马线和导视系统（下图）
（图片来源：由南京市江宁区城市管理局，提供）

2. 石家庄建华游园

石家庄建华游园改造项目位于建华大街与和平路交口东北角，全长 750m，占地面积为 14 717m²。建设之前这里是无法进入的消极绿地，外侧绿地内种植了大量常绿树和乔木配植，种植密度较为密集。在改造设计最初阶段，并未发现绿地内有一段废弃的铁轨被埋在地下，但随着树木的移植和现场的清理，项目团队意外发现了埋藏在地下的旧时铁轨，这个意外的发现，貌似在向项目团队展现一个承载着历史与火车情怀的城市印记，因此根据这一情况我们调整了设计思路，把这一段有温度的元素融入城市景观设计当中（图 4-36）。

项目团队依托游园现状在提升其景观视觉形象的同时注重了生态环境的保护，设计了两条各具特色的人行步道，一条是紧邻铁路的塑胶跑道，另外一条是游园东侧槐树下的木栈道，两条步道带给人的体验感完全不同。其中，塑胶跑道可以更加近距离地和铁轨互动，木栈道则是设置在原有的防护林下，体现城市中丛林的意境，尽量保留原有的已经成林的植物（图 4-37）。

图 4-36　建华游园改造前（上图）（图片来源：由南京市江宁区城市管理局，提供）

图 4-37　建华游园改造后（下图）（图片来源：由北京文丘园艺景观设计有限公司，提供）

同时游园主要围绕曾经的火车轨道设计了入口景观区、铁路文化区、休闲活动区、运动健身区等景观节点。入口景观区设计有“建华游园”字样的品牌图标墙、钢结构廊架、休闲广场等；铁路文化区设计有铁路文化的展示橱窗、铁路工人雕塑小品、石笼休闲座椅等（图 4-38）；休闲活动区设计有站台廊架、休闲座椅、站牌等；运动健身区设计有健身广场、漫步机、圆形健身单车等健身器材。

植物方面在大量保留原有植物的同时，对枯树、死树进行了清除，新增种植了新疆杨、美国红枫、木本绣球等特色乔灌木，细叶芒、晨光芒、落新妇、醉蝶花、粉黛乱子草、丰花月季、佛甲草、天竺葵、太阳花等观赏灌木，以及耐阴地被。项目团队在设计中坚持功能优先，文化内涵丰富，植物特色鲜明的设计原则，将原本单调消极的城市界面，改造成为城市新形象、新亮点，同时可以满足市民休闲健身娱乐，成为一处能满足人景互动功能的好去处。

3. 南京江宁牛首山河

牛首山河提升的目标是构建一个水循环处理公园系统，利用该系统处理渠道中的水源（雨水及生活污水），处理后的清洁水流用于公园内景观及灌溉。通过增设儿童游乐场、中央广场、水上观景亭、湿地公园等各类公共服务空间和设施，同时背水坡保留现有树木并增植景观树木，平台新增银杏树阵、向水坡保留现有树木，对公园的景观层次进行有机调控，重塑江宁区的滨水景观，实现城市面貌品质升级。

牛首山公园将堤顶漫步道、滨水栈道、人行步道和公共聚集空间各个板块通过色彩和地形进行了划分，增强了场景的沉浸式体验感。在室外设施方面，

图 4-38 建华游园内艺术装置与雕塑
（图片来源：由北京文丘园艺景观设计有限公司，提供）

图 4-39　牛首山河周围景观改造后（图片来源：由北京文丘园艺景观设计有限公司，提供）

一方面增设了一批色彩跳跃、玩法新奇的儿童游乐和老年锻炼设施、吸引了以家庭为单位的市民前来打卡。另一方面补足了漫步道座椅、运动场地座凳、遮阳伞、沙滩休闲座椅等，保证了各个功能空间人们都能得到人性化的休憩关怀（图 4-39）。

4. 花植设计节

花植代表着一种自然的美，空间花艺帮助城市将生态修复和人文之美二者有机结合。日常生活中人们对美的向往是持续存在的，尤其是花。因为繁育有机生命体的过程能够把自然美带入家庭中。尤其在现代社会各种高楼大厦的这般冰冷的人造构筑物的环境中，人们更加希望引入一束束自然之美。花卉的意义不仅仅是单纯的装饰作用，而是成为一种展现生活之美的重要窗口。我们需要持续探索的是如何把花艺和绿植能够真正有机融合到城市空间里来，做到“无时无地无处不有花”。

“花植设计节”可以看作是生活美学与文化创新的跨界融合。目前国际范围内，英国一年一度的切尔西花展（Chelsea Flower Show）、每四年举办一次的花艺世界杯（Interflora World Cup）、每两年一度的新加坡花园节、比利时花艺双年展等与花艺相关的主题盛会层出不穷。北京国际花植设计节，是国内唯一国际化艺术类花植设计展。除了空间花艺及花园作品，花植节内还有创意市集、花艺表演、花艺互动体验、植物绘画及标本展等丰富活动，可谓是一场视觉盛宴（图 4-40）。民众和游客在观赏花艺的同时也能提升美学相关的知识与审美。在我国，北京国际花植设计节的开展正在积极引导着大众去思考我们所居住的人居环境、艺术和自然之间的关系。

“遇见夏木塘之乡村的美好生活第二季”邀请众多知名建筑师、艺术家、摄影师来到乡村，为乡村注入新活力，同时也让植物成为空间的点睛之笔，引发人们对未来乡村生活方式的思考与探索（图 4-41）。

2021 年 5 月古城永新开展了“古城生活 · 花之礼赞”的美学体验课，以竹篮为花器，以永新原生植物为材，国际著名空间花艺师张海艳利用永新当地植物、花材进行花艺创作，装饰在沿街建筑的房前屋后，给破败的古城带来生机。通过打造具有故事性的花艺主题，吸引当地居民和返乡永新人广泛参与体验，充分感受花艺的魅力，引导并培养民众热爱花艺、积极生活的能力，带动古城居民自发营造美好环境，提升民众生活幸福感。从茶歇的挑选、摆盘，到原生植物的采摘，始于细节，忠于美学，以期通过潜移默化的方式，引领、塑造、传播美学。通过花艺等艺术化手法，以美为媒，营造古城艺术氛围，激发居民共同营建美好家园，呈现出多角度叠加出的丰富多彩的城市美学。

图 4-40 花植艺术的美学（上图）（图片来源：由南京市江宁区城市管理局，提供）

图 4-41 “遇见夏木塘”展览现场（下图）

图 4-42　古城永新·海艳老师带领大家寻找美

“缔造古城美好生活”生活美学课堂有别于传统花艺体验课单一的授课方式（图 4-42），它是联动当地居民，通过花艺与人的互动方式，讲述花与人的故事。邀请当地居民参与其中，将本地寻常花类运用在花艺中，同时在花艺体验过程中让参与者掌握技能、释放压力、提升艺术审美能力、愉悦生活节奏、陶冶情操，使花艺融入点滴生活，引领生活美学。

假若我们在城市里，像重视珍宝一样来重视城市的环境，让花植能够植入到各个城市的空间，让春天的气息在城市中持续弥漫和扩散，这样的城市必然是美好的城市。

4.4　营造公共艺术

当前国内大众对“城市公共艺术”的了解大多仍停留在“城市公共空间的雕塑”层面。其实不然，围绕“人”展开的一切对于空间的体验、对审美的获取等活动的总和都可以称为“公共艺术”。因此，城市公共艺术的形式和载体是丰富多元的，雕塑、装置、展演、计划等，无论是有形的还是无形的，动态的还是固态的，临时的还是永久的都属于公共艺术的范畴。但是，城市公共艺术不等同于一般绿化公园或者小区广场的构筑物或景观小品，也不等同于陈列在美术馆和画廊的展品，它更强调以人文价值和城市文化为出发点的公共空间的整体营造，在一定程度上映射着所在地区的生态环境、经济状况、文化习俗等社会信息（图 4-43）。

从公共艺术里，我们可以读取特定时期的城市社会属性。纵观历史，不同地域不同时期的艺术形式都是具备时代特征的。文艺复兴时期的哥特式风格以夸张的、不对称的、频繁使用装饰性的纵向线条为特征；“洛可可风格”则轻快、精致、细腻、繁复，映射着当时法国盛行的享乐奢靡的社会风气。抽象派，为了打破模仿自然的传统观念，开始以几何图形为绘画的基本元素，也是受当时第二次世界大战前后动荡不安的社会环境的影响。因此，公共艺术的发展与进化都与历史的进程几乎是同步的。

公共艺术演变到如今，内核主要体现在“城市性”“公共性”和“艺术性”。“城市性”指的是一件公共艺术品无法脱离环境而独立存在，空间的功能属性、开放程度、周围人流量等指标都深深地影响着选择公共艺术品的类型和主题（图 4-44）。“公共性”代表大众的参与和互动。一座无人问津的艺术作品不能算作是真正的艺术，公众的解读是对一件艺术作品艺术性最高的肯定，无论是赞扬或是批判。“艺术性”则指的是艺术作品本体的外在观赏性和内在艺术思想的传递性。

论及当下，网络时代的文化艺术也逐渐尝试着线上营销，经过概念与形式的双层包装与媒体推广，一件成功的公共艺术或雕塑装置常常会带动周边建筑

图 4-43 长安大剧院广场的脸谱主题雕塑（左图）
（图片来源：由都市更新（北京）控股集团有限公司，提供）

图 4-44 公共广场艺术雕塑（右图）

图 4-45　地铁站壁挂公共艺术

的知名度，甚至可以在短期内成为城市地标或者“网红打卡点”（图 4-45）。它们一方面展示了城市文化特色，扩大城市品牌的影响力；另一方面还可以增强社区认同，提升城市的经济活力，促进文化繁荣。

4.4.1　更新问题

公共艺术的概念产生于 20 世纪 60 年代的美国，20 世纪 90 年代被引入我国。1959 年美国的费城成为第一个批准授权“百分比公共艺术计划”的城市，至今仍在 27 个州施行。这个计划的核心是将不少于 1% 的用于城市建设资金拨给公共艺术项目，并设立专门的主管机构。随后美国又相继成立了“国家艺术委员会”和“国家艺术基金”，公共艺术的发展逐渐拥有了完善的法规保障。1996 年深圳市南山区政府，以立法的方式确立了将城市建设经费的 3% 作为公共环境雕塑的专项支出，这是在国内公共艺术发展进程中值得称赞的举措。

公共艺术最初是以城市雕塑和壁画的形式融入城市空间。当时作为“快餐式艺术文化”，填漏补缺式地迅速弥补了中国城市快速发展模式中的美学空白。但随着城市的快速崛起，公共艺术的建设过程中也出现了一系列问题。主要体现为以下几个方面：

1. 规划疏略　管理无序

人多城市的公共艺术立法程序在管理机构分工、城市文化定位、地域空间布局、建设时间安排等多方面不明确，以及对资金投入的财政预算有限，使得目前国内公共艺术的呈现现状全凭个人喜好“说话”。纵观全国，除了少数地方性、行业性法律法规，至今还没有一部正式的公共艺术立法，这与当前我国快速发展的公共艺术相矛盾。

在城市空间的资源分配层面，一些城市的公共空间缺乏战略性、长期性、科学性的前期规划，公共艺术作为后期环节强行植入，同质化现象严重。在各式商业化运营的裹挟下，一些公共艺术被作为商品进行批量化“包装”“生产”，而不考虑所在城市的整体规划和长远规划。公共艺术赛事征集、制定、委托、招标、制作等过程中，既缺少艺术家、社区行政人员、社区代表的积极参与，也缺乏专门公众组织的监督。

2. 品质参差　千形万态

当前我们生活的城市中，大大小小的艺术雕塑、景观小品、艺术展演等艺术形式随处可见。广场上、公园里、道路旁等一切与人频繁接触的公共场域里俯拾皆是，扭曲着市民对艺术的审美和认知。但其中有相当比例并不能称为真正的公共艺术，只能算被安置在某处的流水线工业制品，质量参差不齐、缺乏真正文化内涵和艺术审美。

3. 文化失和　生搬硬套

“在地性”指的是各种艺术形式在不同的地域上会呈现出不同特点。大量模仿和照搬西方已有的艺术形式是导致我国目前城市公共艺术形式突兀且与环境割裂的主要原因（图 4-46）。公共艺术与城市文化的关联性是城市美学展示的一个重要侧面，因为艺术品是在特定地域文化背景下被创作而生，可看作是当地生活习俗、历史文化乃至民众价值取向的有形映射，在地文化性的缺失会逐渐演变为全球范围内的艺术语言同质化。

图 4-46　无法展示文化属性的公共艺术

4.4.2　更新原则

新时期语境下的城市政治、经济发展将带来与之相匹配的文化艺术需求。在脱离了大拆大建的暴力整治阶段后，精细化的城市管治促进了大众对文化艺术等美学层面追求的觉醒，城市风貌的美誉度也逐步成为评判一座城市综合发展指数的重要标准。

与当下的城市建设接踵而至的是日益严重的文化缺失问题。公共艺术可看作是一种调节城市生态的艺术手法，一种实现城市与公共环境、公众对话的友好方式。城市空间作为人民生活的栖息地，折射着当地居民生活的美学。为追求城市文化发展和公共艺术平衡发展，建议从城市层面、公众层面和艺术家三方面着手开展工作。

1. 立法完善原则

完善的制度对艺术行业的健康发展是重要的保障，规范的立法是公共艺术健康发展的基石。国内公共艺术事业方兴未艾，公共艺术领域的法律法规体系的逐步完善，是对中国特色城市公共艺术体制的重要支撑。建设部门要发挥好专业群体的集体作用，严格把控建设过程中的委托制度、选拔制度和招标制度等，细化好政府和公众对话沟通的平台，引导公众对于公共艺术的理解与鉴赏，参与并监督艺术家群体的创作。

《浙江省城市景观风貌条例》中明确列出“公共环境艺术促进”的相关规定。提出了以下三类建设项目应当配置公共环境艺术品：

（1）建筑面积 10 000m^2 以上的文化、体育等公共建筑；

（2）航站楼、火车站、城市轨道交通站点等交通场站；

（3）用地面积 10 000m^2 以上的广场和公园。

其中第二十二条明确了审查监督流程：“发展改革部门依法审批建设项目投资概算时，应当审核公共环境艺术品的配置投资比例。审计机关依法对建设项目进行审计时，应当对公共环境艺术品的配置投资要求落实情况进行核查。”同时，城市、县人民政府可以组织文化旅游、自然资源、城乡建设等有关部门，以及专家和社会公众代表，对公共环境艺术品进行评估，评估结果应向社会公布。

2. 公众参与原则

与城市发展的快速更新迭代衔尾相随的，是人们对城市面貌在审美和品质层面也提出了更高的要求。从社会公共美学的角度来谈，政府应主动培养并鼓励公众对城市美学更新活动的参与积极性（图 4-47），不仅要坚持问需于民、问计于民，还应注重共商共建，最大限度地调动公众的主动性，切实将人民群众的“幸福清单”转化为城市治理的“责任清单”，发挥政府、私营企业、个人团体等多元力量，推动多元主体参与城市美学更新。

政府应充分发挥规划引领、政策支持、资源配置的调控作用，市场主体进行高水平策划、市场化企业化的策划运营，再加上群众团体积极出谋划策、城市中艺术品味的提升才能真正地评判城市更新方向和举措恰当与否，归根到底要看大众支持不支持、参与不参与。例如，娱乐休闲区的艺术设施若是没有居民主动上前互动体验，那这件作品的公共属性就不算完整。城市美学更新过程中，公共艺术本身和使用者双方应该是相互作用的，公众参与的程度、参与条件和参与方式都是值得探讨的新课题。公共艺术背后所蕴含的公共性的特征也要求民众的“主人翁”意识需要被唤醒和发挥作用。因此，伴随社会发展衍生出的公共艺术门类是对一座城市时代文化内涵的艺术引领和审美记录。

为促进广州市公共艺术建设发展，改善城市空间品质，提升城市艺术品位和形象，依据《广州市城乡规划条例》规定，政府制定了《广州市促进城市公共艺术建设发展暂行办法》，其中明确了“鼓励设计方案应征求专家及社会公众的意见”，如项目所在区域实行地区城市设计师制度，还需征求地区城市设计师的意见。

图 4-47　市民积极参与公共艺术

3. 文化传承原则

艺术家是社会中感知最为灵敏的群体，创作作品时应聚焦社会热点问题和大众的所盼所急，用艺术的方式去引导市民的价值观。不同地域文化背景的艺术家可以看作为这些国家的“文化基因携带与传播者”，通过作品实现文化观念的流通与交换；因此，艺术家本身创作情感的注入、造型语言与材料场景的创新结合、对投放空间的准确把握等都应与时代背景、社会条件和民众诉求表里相依。

每个时代的艺术领域从业者应不断增强公众对作品的感知性、（肢体或心理）互动性和作品本身所蕴含的文化印记。当下城市的公共艺术家们更要结合全新的城市发展理念，充分利用科学技术创新，秉持“多元、包容、流通”的创作理念，更要以保护传承、优化改造为主，拆除新建为辅，促进各行业的融合发展，兼顾历史传承和城市更新（图 4-48）。

图 4-48　景德镇陶瓷文化多元艺术展示形式

4.4.3　更新案例

1. 深圳商圈入口雕塑

此商圈改造主张用科学及艺术营造城市，并采用了“三新”的理念——通过艺术创作将新技术、新工艺、新材料巧妙地进行结合，营造出流光溢彩的高品质商业步行街。位于步行街入口的这组灯光媒体雕塑的整体设计灵感来源于“魔方”，其外形设计简约明快，材料选择户外全彩动态 LED 玻璃屏，配以丰富的定制动画片源，让游客体验科技与艺术的融合（图 4-49）。这组作品是第一次采用角支撑的立方体玻璃屏，同时也是第一次将立方体玻璃屏、点阵矩阵屏及玻璃线条屏三种屏幕进行联动播放的大胆尝试。

图 4-49 深圳华强北商圈入口雕塑“魔方”
（图片来源：由北京清美道合规划设计院有限公司，提供）

这条步行街的开放空间汇集了极为可观的人流量，位于入口空间处的公共雕塑内嵌的、高清的、具备人体感应功能的 LED 屏幕，不断变换着画面和灯光，吸引了各个年龄段的市民和游客与之互动，真正做到让静止的雕塑“活起来”。视频创意是本次灯光提升的一大亮点，设计师将电子、科技、节庆、花城等不同主题的元素通过魔方的不同侧面展示给观众，在夜色的衬托下，六个平面穿梭变换的、美轮美奂的视觉效果聚集了大量人气，“光魔方”主题的公共艺术装置与周围的空间环境完美融合在一起，被激活的传统商圈再次成为人气聚集地，成为城市夜景观赏的新打卡点。

2. 苏州公共艺术营造

景观雕塑属于城市公共艺术较为常见的一种，通常形体相对较大、更具公

图 4-50　《风帆》公共艺术
（图片来源：由北京清美道合规划设计院有限公司，提供）

共审美特征，设置位置常见于城市重要门户、重要街道节点、园林景观公园或城市景观广场等户外公共场所。恰当的景观雕塑可以提升整个空间环境的艺术品质，丰富空间节点，改善环境体验，将整个区域的美学提档升级。

城市的美学是一个综合的环境系统，包括自然环境和人文环境。恰如其分的城市公共艺术作品填补了这片秀美山河中人文环境的空白，镶嵌在广袤的国土空间的底图上，可谓是画龙点睛。苏州太湖的《风帆》，这张“新名片”坐落于苏州太湖园区的入口，造型大气简约，体量恢宏壮丽，宛如一艘迎风勇往直前的帆船（图 4-50）。这件城市公共艺术雕塑内置高清 LED 屏幕，偏心的设计手法强化了整个雕塑的方向感和指向性，波光粼粼的太湖水与雕塑主体中部水波纹的抽象符号相呼应，抽象的艺术形态与具象的景观特征相得益彰，彰显着太湖园区对来往市民和旅客的热情欢迎，同时也寄托着整个园区蓬勃发展、欣欣向荣的美好愿景。

广阔的地域里，《风帆》雕塑与大树、草坪与河流交相辉映，给绵长的公路增添了许多看点。城市公共艺术存在的意义正在于此，通过有形的艺术作品，带动并激活周围整个环境，让人们感受到城市背后蕴含的抽象的、无形的、浓烈的精神力量。当身处它境，再次联想到苏州太湖园区时，脑海中能够快速闪现出一个清晰完整的意象，接连回忆起周围的环境和氛围，再次实现心灵的共鸣。

位于姑苏区造型简约、工艺精湛的落地式广告媒体公共艺术，提取了苏州古典园林中“写意山水”的精髓，拱形的轮廓被艺术化地抽离出来，画面与留白的比例和谐，与中心圆形 LED 屏幕形成一个巧妙的负空间（图 4-51）。到了夜晚，流动的广告画面与拱形侧面的暖色光晕交相辉映，一虚一实，一动

图 4-51 苏州《姑苏之门》广告雕塑
（图片来源：由北京清美道合规划设计院有限公司，提供）

一静，从细节处流淌着苏州园林的精致典雅和中华文化的源远流长。坐落于城市重要出入口和交通枢纽的这组公共艺术，艺术语言统一，品质精细，使得整个城市构建起高标准高水平的视觉秩序。公共艺术与户外广告的有机结合，一方面提高了城市景观的审美价值和艺术感染力，增强广告内容的传播度和接受度，另一方面也丰富了公共空间的生态环境。

3. 唐山老旧烟囱改造

路北区是唐山市的核心城区，密集分布着老旧破败的住宅区，卫生环境堪忧。该地块中心地区矗立着一座废弃多年的水塔。设计师试图通过激活水塔这个承载当地居民记忆的元素，重塑唐山人民对这座光荣的工业城市的骄傲感，并为社区居民提供一个充满新鲜感和趣味感的公共活动空间。

方案以“光线”作为灵感，既可以理解为光的路径，也可以代表人的视线。我们通过从塔身上的既有洞口处拉结的彩色弹性绳指代光线的路径，使得原本老旧的塔身内仿佛迸发出活力的彩色光线，从内而外地灿然一新（图 4-52）。

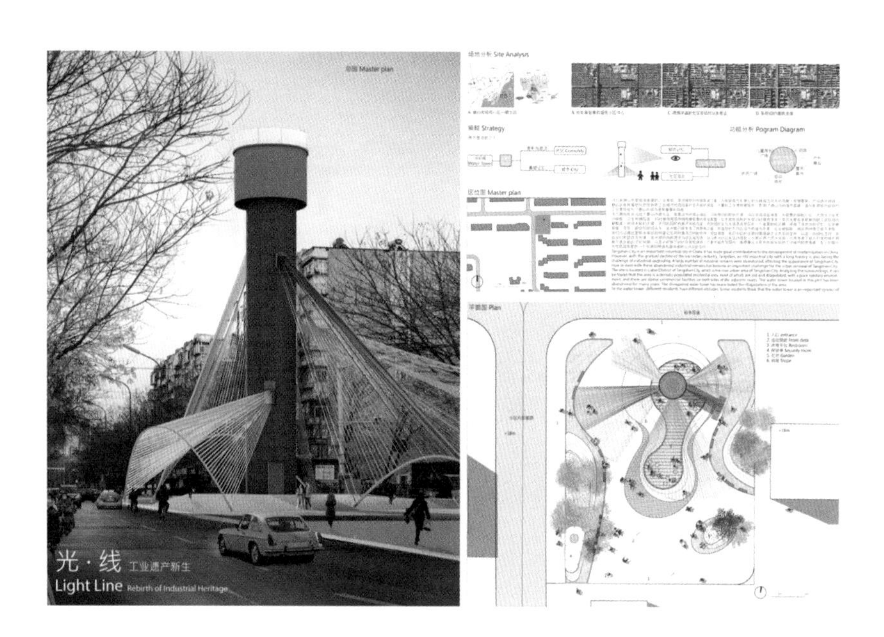

图 4-52　唐山老旧烟囱改造设计理念及思路
（图片来源：都市更新（北京）控股集团有限公司，提供）

同时，这些彩绳形成了覆盖场地的顶棚，重新界定了公共空间。阳光通过层层“光线”，创造出丰富光影效果，夜晚 LED 灯光延续着光线的生命。这类低成本的微改造，最大化地留存了社区的历史风貌。

4. 邢台公共精神柱阵

河北省邢台市有着极为悠久的历史，在夏商时代便已经有人定居于此，白窑文化、运河文化，以及仰韶文化都是邢台市宝贵的历史财富。如何将现代城市的“形”与历史文化的“神”良好的结合到一起是此次设计目标。

设计团队以柱阵为基本母题，通过建立由若干柱子组成的纪念柱阵广场，吸引周边各类群流向此地汇集成为一个“引力场”，营造一种专属的场所精神（图 4-53）。同时通过借鉴邢台市特有的白窑的圆润曲线并加以提炼，在规整的矩形场地内引入螺旋线的语汇。运用两条螺旋形的曲线，形成柱阵序列：一条是代表邢台市古运河的水螺旋，另一条是邢台市千年文化纪念螺旋。两条螺旋交错盘旋，构筑了一个集市民活动、智慧服务与形象展示于一身的开放空间。

4.5　串联城市家具

城市家具，是指设置在城市道路、街区、公园、广场、滨水空间等城市公共空间中，融合于环境，为人们提供公共服务的各类公共环境设施的总称，主

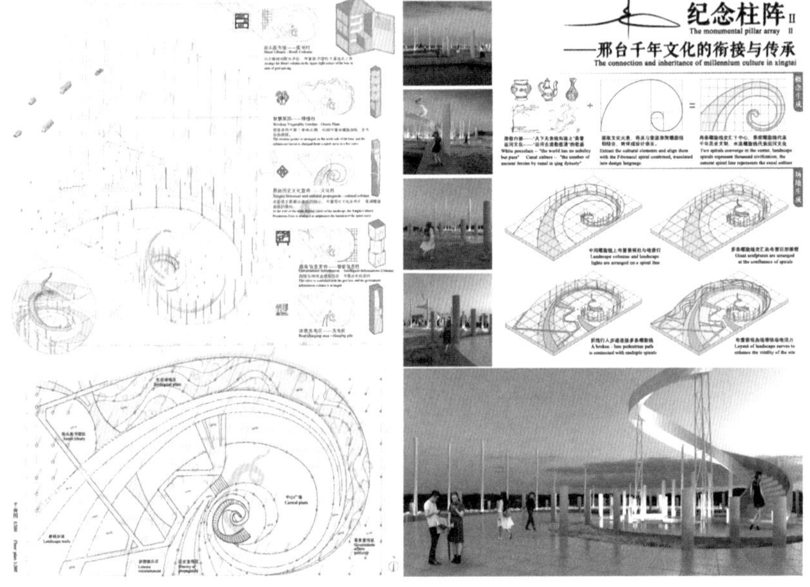

图 4-53 邢台公共精神柱阵设计理念及思路
（图片来源：都市更新（北京）控股集团有限公司，提供）

要包括交通管理、城市照明、路面铺装、信息服务、公共交通、公共服务六大系统 45 类设施。日常出行中，我们常见的城市家具包括：公共座椅、垃圾桶、公交站牌、路灯、标识标牌、花盆、城市雕塑等设施（图 4-54）。

随着城镇化的快速发展和城市建设的不断完善，城市家具作为展示区域形象、提升细节品质的重要抓手越发受到重视。它不仅是落实城市精细化管理的重要内容，还是快速实现空间环境建设的重要途径，更是一座城市创新能力和文化内涵的集中展现。

对于城市家具的治理，我们倡导工作思路要与国情、国策相结合。首先，

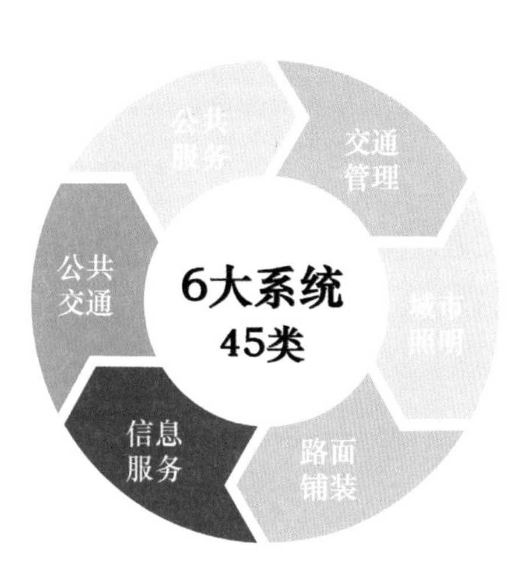

图 4-54　城市家具系统分类图

以人民为中心，彰显治理温度。城市家具的设计要围绕人的需求，重视人的感受，满足人的心理，事无巨细地将市民需求作为城市家具建设的准则。其次，下好“绣花功夫”，提升治理精度。城市家具是城市中的“小件”，同时也是市民生活中的大件。只有在这些细节处精益求精，才能让百姓获得更多的舒适体验，对城市萌发真正的认同感。最后，城市家具的建设涉及道路、园林、建筑等多个城市管理部门，在如今这样一个参与主体日益多元、管控部门多头交叉的背景下，更应该有效协调各个参与主体的权利和职责，形成多方合力。

我们要建立和完善城市家具专项的建设管理长效机制，注重系统建设、美观协调、因地制宜、集约建设和绿色环保，使城市家具系统成为优化城市环境的可持续元素。所谓“长效机制”的解读，首先，“统一规划”主要包括“规划”和“设计”两个方面：“规划”指的是从整体层面调研城市家具现状，确定城市家具的建设目标与方向，结合片区特点对各要素进行整体规划与控制；其次，“系统设计”是城市美学提升的重要环节，具体是指从整体性出发，融合、协调、互补各学科专业，对其功能、环境、人文等相互关联、相互影响的要素进行整体最优的设计行为。城市美学更新中一个重要的环节就是城市中各类市政和公共服务设施的“系统最优设计”。再者，“规范管理”指的是建立城市家具建设系统管理机制，确保整个流程管理规范、有序、高效。再者，“样板先行”是指在有条件的情况下应进行样板段建设，在系统设计成果实施的过程中按照实际情况优化设计，推动建设标准的统一，为具体方案的多片区落地提供切实可参照的范例。最后，“科学管养”是指提供城市

（a）

（b）

图 4-55 城市空间中的家具设施
（a）空调机罩；（b）公共座椅

家具管养细则，及时地对设施进行修复、更新、增设，确保城市家具能够提供高效且高质量的公共服务。

人欲所在，便是城市物态化的家具设施所在。当城市家具无微不至地触及人的每一种需要，并给予人从身体到精神的全方位满足，城市的人文精神和空间美学便得到了最大限度地彰显（图 4-55）。

4.5.1 更新问题

城市经济基础和发展条件，一定程度上限制着城市家具的建设品质和标准。国内公共空间中的城市家具系统主要问题集中体现在以下四个方面：

1. 各自为政 种类繁杂

各类城市家具在城市空间各自为政，不成体系。繁杂的类型样式与城市空间不相协调，不利于市民的实际体验及街道的风貌展示，影响了细节和品质的塑造。

2. 枯燥无味 缺乏特色

城市品牌缺失或者应用不到位，无法充分体现其自身文化底蕴与发展优势。各个城市孕育出不同的历史背景、地貌特色、风土人情等，城市家具的设计缺少与区域特征相呼应、相结合的特色表达与应用，设计语言难免略显单一。

3. 任意布设 横拦竖挡

各类城市家具点位的布局繁复密集，占据大量非必要的公共空间。例如，道路交叉口设施类型过多、车行空间遮挡视觉景观廊道等。在今后的城市家具设计中，应倡导集约化与功能化复合设计，对布设的各类交通设施和服务设施进行酌情合并设置。

4. 功能老旧　更新滞后

城市家具现状与目前国家倡导的高标准智能化的城市家具未来发展趋势存在明显偏差。智慧城市家具是构建智慧城市的重要载体。当前大多数城市的设施设置缺少智能化的融入，与“2035 年基础设施智慧化水平超过 90%”的总体目标仍存在较大差距（图 4-56）。

4.5.2　更新原则

通过对问题的梳理，城市家具的美学更新原则可概括为“家族化、系列化、集约化、智能化、人性化”五大方面。

图 4-56　城市家具更新现状问题

1. 家族化原则

所谓“家族化”的城市家具，其风貌与特色定位应依托于所在城市的景观风貌、自然环境、历史文化、产业经济等背景，挖掘并把握城市文化的特色要素，提炼出基因图形并延展应用。一方面，将城市家具各类设施放在一个环境系统中整体考虑，对其造型、风格、色彩、材料、布点等进行统筹布设，最大限度实现系统最优、科学合理、美观协调、高质高效（图 4-57）。另一方面，将代表家族基因的图形符号配合场景，合理运用，形成家族化的序列视觉语言，从根本上解决各自为政、杂乱无序的现状。

2. 系列化原则

城市家具应以系列化为原则，根据不同路段特征，打造不同主题的造型语言系统。统筹各类城市家具的本体功能、相互关系、与周围环境的融合度，以及对其造型、色彩、元素、材质、设置规则等要素进行系统性设计可以有效规避城市家具散落在公共空间中的乱象（图 4-58）。

对一个区域而言，按照道路在城市交通体系中职能（城市快速路、高速公路、主干路、次干路、支路等）、级别（一级道路、二级道路、三级道路、附属道路等）、类型（交通型道路、生活型道路、观赏型道路等）的不同，对统一主

图 4-57　家族化城市家具（上图）

图 4-58　系列化城市家具（下图）

题的城市家具进行系列化的延展是对区域家具特色进行细分的有效方法，有助于区块精细化管理的贯彻落实和通行界面的丰富多元。

例如，交通型街道的首要任务是保证顺畅的人车通行，可以根据路幅宽度、人车流量合理设置护栏、挡车桩、垃圾桶等公共交通设施的数量和点位。生活服务型街道要集约利用公共空间，保障充足的带有遮阳避雨功能的慢行空间，设置符合国家标准的无障碍设施，根据人们出行的类型、周围小区人口年龄分布情况、流通人口数量等方面合理布置人性化的公共座椅、垃圾桶、公交车站等服务类设施。商业型街道应组织空间的最大化利用，以商务办公需求人群行动轨迹为基础信息，提升空间品质。在重要出入口附近布置能够容纳大规模人流的步行快速通行区，尽可能布设完善的信息服务设施与公共服务设施等高品质的城市家具。景观休闲型街道则要着重考虑慢行空间与道路两侧空间的一体化设计，拉近市民和自然的距离。有水体景观的广场还可以增设安全范围的驳岸，营造人气滨水空间，使得户外活动空间布局灵动、设施多样。

3. 集约化原则

针对多数城市中存在的各类城市家具自成体系、内容冲突、缺乏衔接等问题，有效地整合可实现资源的节约与高效利用，实现公共区域的空间整合和体验升级。各种亭类设施和中小型城市家具（售卖亭、路灯、座椅，以及垃圾桶等）是城市网格化布局下公共服务功能的重要载体。此类设施体量小、数量多，与市民日常生活最为紧密，设计和设置应坚持整合设施品类、减少占地面积、完善功能模块、升级服务体验的原则，倡导集约化与功能复合设计。

各类杆件家具设施应综合协调，统筹规划设计，科学布点设置，减少占用公共空间。首先，在满足功能要求和结构安全的前提下，各类杆件应按照“能合则合”的原则进行合杆设置，并建议进行专项设计。其次，根据道路情况，设置区域主要为路口合杆设置区、路段合杆设置区。同时应合理调整杆件间距，整体系统地进行设置。再次，交通管理设施中标志标牌、监控、信号灯等杆上设施应进行整体优化设计，应小型化、减量化。最后，对配套的箱体、地下管线、电力、通信和视频监控设备等进行集约布控，互联互通，做到“多杆合一、多箱合一、多头合一”（图 4-59）。各种装配式落地广告设施、老旧电话亭的改造升级、书香驿站等越来越智能的一体化设计为老旧城市家具的改造升级提供了新思路和新方向，成为今后发展的新趋势。

图 4-59　整合化城市家具

4. 智能化原则

科技引领生活，近年来多元化、智能化的城市家具不断改变着人们的生活方式。随着科技的不断迭代升级，城市公共空间中的各类设施在积极添加数字化、自动化和智能化的模块。智能灯杆、移动卫生间、感应垃圾桶等越来越多的智能城市家具逐渐成为提升城市形象的新亮点。城市家具行业的发展逐步转型升级，日益与“智慧城市”的建设接轨。智能家具将有助于创造社会互动、连通性的机会，强化市民的归属感，让人们自由地使用公共空间。

城市家具的智能化升级要结合城市现有智慧城市管理系统，将城市街道类型、分布、交通网络分析、人口规模数据采集、现有城市家具规模等基础数据纳入平台，以信息化的手段优化管理整个城市更新的流程（图 4-60）。

5. 人性化原则

城市的发展要以人为本，公共空间中的城市家具应满足市民的各类出行需求及人性化关怀，设计细节符合人体工学。人性化理念的初衷来源于——城市空间的使用主体是人，且各类家具设施的设计主体和使用主体也都是人，所以人的“生理尺度”和“心理尺度”是“人性化设计”的核心。“生理尺度”指的是各类城市家具使用时最适宜的高度、宽度、厚度等尺寸参数，应以人的实际活动和使用场景作为参考。“心理尺度”则指的是城市家具色彩和材质的搭配，一方面要结合功能的需求、氛围的营造；另一方面还要兼顾人的心理感知度与接受度。

（a）

（b）

图 4-60　城市家具的智能化升级
（a）手机扫码亮灯艺术装置；
（b）根据车辆自动亮灯的路灯

关于材质的选取，既要鼓励因地制宜、就地取材，优先选择运输成本低的当地特有材料，外来材料要考虑气候的耐受性和可达性（图 4-61），同时又要保证后期维护的便利性以及人们对各种材质的心理评价与亲近程度。此外，城市家具的造型设计还要考虑存在的安全隐患，以及人在不同使用场景中的社会习惯和连带反应。例如：避免尖锐的触角和生硬的拐角，尽可能降低人们使用过程中的不适感，最大限度降低受伤的概率。

除上文提及的五大原则之外，城市家具入驻城市空间还应注重环境的融入。我们要坚持“因地施策、因势利导”的原则，分类别、分体量、分层次地融入城市环境中。一方面，对于已建成道路的现有配套城市家具或需要保留的家具设施，应本着“因地制宜”的原则，进行合理地优化改造，使新方

（a）

（b）

图 4-61　城市家具的人性化设计
（a）与树池结合的公共座椅；
（b）雨伞放置架

案与原有家具在造型、色彩、材质等要素方面尽量协调。另一方面，进行“查漏补缺”的工作，对于缺项的城市家具设施要及时进行补充和完善。同一个风貌片区的各类设施在色彩、造型和风格等方面应尽量统一，并与道路景观环境相协调。

城市家具的样式和风格设计需要对城市各片区的功能布局、空间结构、文化特点进行分析。在“分区各具特色，整体系统统一”的前提下，结合街道的不同类型确定具体需求，提出差异化的城市家具布置内容和设置要求，同时把握城市的文化特色、地域特征、历史文脉，使城市家具的风格、色彩、造型等也要与周边景观风貌相协调。

功能是城市家具造型的基础，遵循美学中的对比关系：粗与细的对比、圆与方的对比、曲与直的对比等，综合这些对比关系及设施的构造关系，才能使城市家具在造型上呈现和谐、大方、富有韵律的美。色彩运用方面，城市家具基础色多以灰色系、低彩度色彩为主要基础色，与所在空间环境尽量要色调统一。同时它还是城市环境安全性、秩序性的辅助性公共设施，个别特殊部件，需引起人们注意的，可适当使用高饱和度色彩。

对城市重点区域或重要节点进行建设改造时，可邀请艺术家或设计师对一定范围内的临时施工设施做特色化、艺术化、主题化的定制设计，打造城市客厅的临时艺术展区（图 4-62）。城市公园、广场绿地、滨水空间、历史文化街区、商业步行街、自然风景区等特色片区的城市家具宜以其区域环境特征为原点，挖掘区域特色元素、造型、色彩、材质等文化特征，注重整体风格与环境风貌相协调，系统构建高品质、有特色的各类城市家具空间。大规模集中建设时，建议统一领导、统一指挥、统一管理，由牵头部门统筹，

图 4-62　艺术化城市家具

在建设过程中形成有效的沟通、协调、管理机制，做到职责明确、流程清晰、分步实施、全面覆盖。

4.5.3　更新案例

1. 南京弘景大道城市家具系统

道路的美学体系主要体现在沿途分布的城市家具设施和景观绿化排布两个方面。其中公共服务设施体现了城市的“人文美”——“以人为本”的建设理念彰显着城市的温度和细节；分布在道路两侧和中分、侧分隔离带中的景观绿化则体现了城市的“自然美”，植物的选取和养护体现了这座城市的气候、水土特色和历史偏好，体现了四季冷暖交替的变化。

坐落于南京市江宁区大学城的城市家具系统，设计主题为“为江宁大学城注入新活力”，其品牌 DNA 里包含着青春活力、科技文化、智慧创新和包容发展等元素。所以采用象征热情活力的橙黄色打造简洁灵动的造型，代表着江宁的缩写“JN”。同时也可以解读为象征青春活力的气球或音符，以这样一个热情活力的音符状的品牌统筹整套的城市设施设计，保证视觉语言符号的系统性，使得空间品味与大学城青春活力的气息互相契合，最终建立区域的品牌认知度，综合提升场域空间的视觉品质。

此次提升种类包括公共艺术、节点雕塑、智慧路灯、公交车站、公共座椅、垃圾桶等数十项城市空间单体。所有品类均已圆满落地，通过与规划、交通，以及景观部门的共同协作，通过增设艺术化的城市家具系统、地标媒体与公共艺术品等，最终实现了整条街道的提档升级。

以候车亭为例，智慧板块整合了当下市民出行使用率最高的几项功能：实时报站、雾森降温（夏天专供）、座椅加热、自动售卖、高速网络、信息查询、智能导向、一键报警、微信便捷取药等，极大地便利了市民日常出行与应急保障。简洁现代的造型使原本枯燥板正的公交候车亭成为城市街道的新亮点，附着于主立面的高清 LED 屏幕的广告画面为缓解人们等车的焦虑提供了更多选择，公益广告和商业广告的交替播放也为城市公共设施运营系统的维护和管理提供了资金支持，使得城市空间中的视觉层次更加丰富、创造出兼具功能与美感的新型“城市微环境”（图 4-63）。

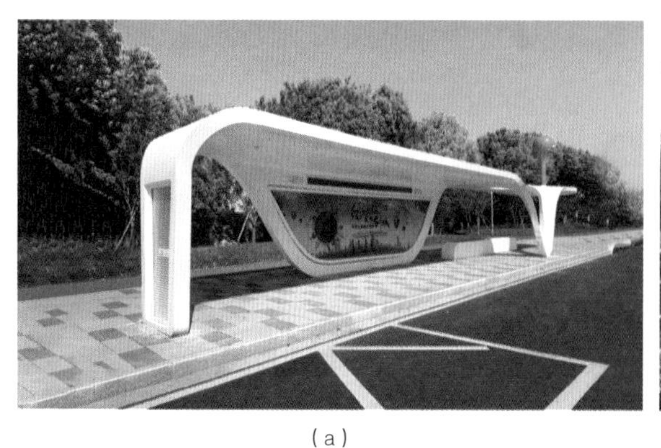

（a）

（b）

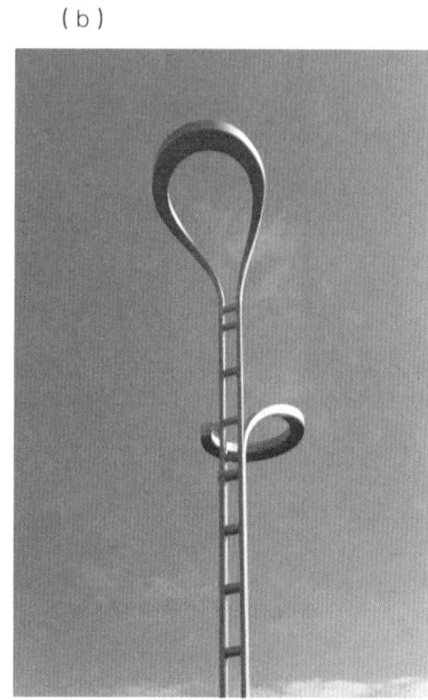

（c）

图 4-63　南京弘景大道系列城市家具
（a）公交车站；（b）公共座椅；（c）垃圾桶、导视牌、路灯
（图片来源：由北京清美道合规划设计院有限公司，提供）

2. 榆林古城城市家具

品质城市中国计划·国际青年设计师竞赛（中国·榆林）以“城市美学再造”为主题，立足于榆林古城大街的发展现状和文化底蕴，采用以人为本的城市家具创意方案（图 4-64），来提升古城微小负面空间，打造具有当代生活品味和审美品味的、有活力的历史文化名城。

最佳创意奖作品《老街的新“窗”》，通过大街上随处可见的“树池”，延续古城居民的生活智慧和大街的市井美学——“对内”是收纳和规整的空间；“对外”是展示与交流的平台（图 4-65）。城市中的每一个人都能在这里找到一片属于自己的空间，同时也让这条老街焕发出新的光彩。通过对人们熟知的旧事物进行改造，重现群众智慧和市井的美学，激发榆林居民灵魂深处的记忆，将生活的“小美”映射出古城的“大美”。

图 4-64　城市家具方案获奖作品
（图片来源：由都市更新（北京）控股集团有限公司，提供）

图 4-65　最佳创意奖作品《老街的新“窗”》
（图片来源：由都市更新（北京）控股集团有限公司，提供）

该方案借助榆林大街上现有的林荫树，通过板材的不同组合，构成休息、商亭、阅读、儿童游戏、停车、种植等设施。设计团队将木质方框和剪纸与当地文化相结合，搭配绿植花卉，削弱了建筑的冰冷感。窗景的理念具备包容性，未来可以在里面增添一些具有传统文化底蕴的装置设计，吸引年轻人来打卡。

围绕榆林古城大街的发展现状与使用群体的实际需求，狭窄的街道空间最大限度地满足公共座椅的增设，与古树的结合成为最优解。因此，一系列围树座椅的设计方案应运而生——其整体以简约抽象的几何直线条为主要设计语言，结合实际使用功能进行穿插和叠层的布局，木质和石材的材质使用呼应榆林古城的古朴和庄重，传达双重的视觉感受（图 4-66）；嵌入式的灯带作为辅助照明给行人以更好的公共空间体验，厚朴的设计手法给行人提供了舒适的休憩环境，同时还原了古城大街的原本面貌。

为城市而设计本质上就是为人设计，设计不仅要考虑城市的特点更多的是要适合城市中的使用人群，同时设计应该具有针对性，不能趋同，从而让城市空间属于每一位市民和游客。

3. 城市可移动智慧设施

天津津湾广场是天津市城市更新领域的示范性项目，是天津市的重要门户

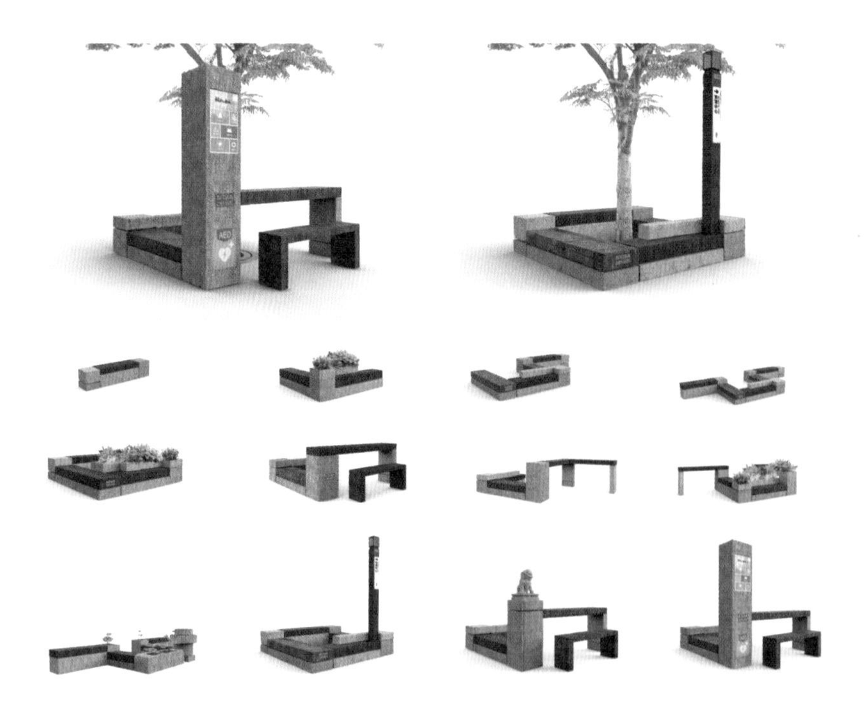

图 4-66 围树座椅系列设计方案（图片来源：由北京清美道合规划设计院有限公司，提供）

节点和“城市封面”。津湾一期项目原有商业定位为“24 小时不夜城”，但近年来整体商业活力不足，缺乏消费氛围。本次津湾广场商业提级则是以“都市经济聚集地、精彩生活体验场”为项目新商业定位，拟通过引入国图文创空间、津湾游客服务中心，以及城市 U 盘等新主力业态设施，形成“文化 + 旅游 + 商业”的业态构成，形成年轻态、活力型、潮流性的特色商业街区。

城市 U 盘是津湾广场一体化更新中最先启动的项目，作为津湾广场主入口广场的多功能智慧驿站，不仅包含了多功能智慧展厅、新零售商店、新媒体直播间、文创快闪等新业态；同时，作为项目入口节点的智能化媒体设施，通过可旋转的大型户外媒体高清屏幕与集成建筑结合，具备了文化宣传、品牌宣发、新媒体联动、数字化场景互动的复合功能，室内与外摆空间与广告宣传的内容形成空间联动价值。

城市 U 盘智慧媒体设施落地后，为津湾广场内场景活力提升、科技体验升级、数字化运营管理起到了积极作用，同时为城市热点场景提供了“即插即用”的新服务、新内容与新媒介。通过城市 U 盘搭载的智能化设备开通大数据获取端口，系统后台对人群人流、滞留时间、用户行为、消费类型等数据进行精准分析，为城市 U 盘的广告及空间使用者推荐最合适的播放时间、个性化内容，城市 U 盘具备高效高频的商业、服务、展示价值（图 4-67）。

图 4-67　城市可移动智慧设施落地实拍
（图片来源：由北京清美道合规划设计院有限公司，提供）

市民可以在城市U盘里借书或交换书籍，就近坐在设施内部的座椅上阅读。内屏是交互式数字屏幕，外屏是数字信息屏，可为市民播报新闻事件或政府公告等，也可用于广告宣传。若有需求，整个空间能变成露天电影院，播放体育赛事或电影，是一个共享知识和互动的场所。

4. 西安智慧公交车站

西安市高新区丈八东路落地的四座智慧公交候车亭受到了西安市民的高度赞扬（图4-68），流畅的外形设计辅以便捷的生活功能，使原本“枯燥板正”的城市家具样式焕然一新，一经投入使用立即跻身为街道的新亮点，整条街道被作为样板街道进行宣传推广。据市民回馈，公交站的智慧板块很实用，实时报站、雾森降温（夏天专供）、座椅加热、自动售卖、高速网络、信息查询、智能导向、一键报警、微信便捷取药等功能极大地便利了市民日常出行。同时，高清LED屏幕中循环播放的高质量的广告画面在一定程度上缓解了人们等车的焦虑，无形中吸引了更多市民使用公共交通工具出行，一定程度上缓解了交通压力，极大地提升了市民公共交通出行的体验，简洁现代的造型使原单调乏味的公交候车亭成为街道的一大亮点，处处体现着西安这座城市的人文关怀和城市精神。

5. 唐山智慧公交车站

皮影戏是唐山市传统戏剧，是国家级非物质文化遗产之一。设计团队选取皮影、云彩、森林三种元素作为公交车站的设计意向，结构形体结合灯光设计，

图4-68 西安市高新区智慧公交站（图片来源：由北京清美道合规划设计院，提供）

图 4-69　唐山智慧公交车路——云影之森的设计理念及思路（图片来源：由都市更新（北京）控股集团有限公司，提供）

使在站点等候车辆的人群犹如置身白云与森林之间，又如同皮影戏的主角，穿梭于站外大众的视野（图 4-69）。

车站现状场地现存的树木及路灯等隔断物，遂以三角形作为模块单元，依据不同类别车站情况进行组合排列，灵活躲避隔断物的同时保持车站形态的视觉连贯性。随着公交车线路和候车人群数量的增加，模块单元所围合出的空间增大，可酌情置入自动售货机、公共卫生间等灵活的公共服务设施，给市民提供更舒适便捷的出行体验。

4.6　统筹夜景照明

1. 发展概况

我国城市夜景照明发展虽然起步较晚，主要是在改革开放之后，城市化建设进程突飞猛进，城市面貌日新月异。20 世纪 80 年代中期，上海率先在外滩和南京路启动夜景照明工程，随后北京、广州等城市依据“大事件”的活动需求纷纷进行了景观照明建设，进而带动全国各地开展了“亮化工程”“灯光工程”“光彩工程”等一系列夜景照明项目的设计与实践工作。

时至今日，我国的夜景照明建设从蓬勃发展到审慎严谨，经历了很多阶段。建设强度方面，从粗放型的大面积夜景建设，到有计划、有目的、有重点的一定范围内的集中建设，再到人与自然和谐共生理念下的规划统筹建设。

品质效果方面，同样经历了量变到质变的过程，从单纯地“亮起来”到追求“美观雅致”，再到“地域文化 + 美学价值”的融合，使夜景照明摆脱了单一的项目工程，逐渐升华为“艺术创造”。

人民群众也从“新、奇、特”“跑、跳、闪”的猎奇心理，逐步进入了视觉审美疲劳状态，单纯的建筑照亮和明暗变化，不再能引起观众的瞩目，带有地域文化特征的主题表演，可参与、可互动的沉浸式夜游体验，引发了更多的关注。

2. 术语定义

夜景照明泛指除体育场场地、建筑工地和道路照明等功能性照明以外，所有室外公共活动空间或景物的夜间景观的照明，亦称为“景观照明”。

但近些年，随着城市照明建设逐步深入，为便于夜间环境更高质量地规划建设与统筹管理，夜景照明涵盖的内容逐步扩大，包括保障公众出行、户外活动的道路及道路相关场所、公园、广场等必备的功能照明，和以塑造城市夜间景观、丰富公众夜间生活为目的的建（构）筑物、广场、公园等装饰性照明和灯光造景。意在将功能照明和景观照明资源协调，通过艺术创造，提升美学价值，优化城市夜间环境。

3. 新技术、新发展

从钻木取火开始，人类就一直不断探索和寻求夜间的光明。18 世纪之前，夜间照明主要依赖火光源，直到 19 世纪初，爱迪生发明了白炽灯，促使人类进入了电光源时代，这也为人们夜间的出行活动提供便利和丰富的可能性。

电光源进阶史也由此拉开帷幕，白炽灯作为传统的热辐射光源，存在使用寿命短、光衰严重的问题；之后出现的气体放电灯，其使用寿命更长、光衰不明显，金属卤化物灯和高压钠灯的优势更为突出。这也为国内、外城市夜间光环境建设提供了技术支撑，城市道路照明和建（构）筑物的泛光照明，主要依赖这两种光源。

人类在追求新发展、新技术上从未停歇，LED 的发明为城市照明提供了另一种可能。相较于传统光源，LED 光源能耗值低、寿命更长、可用 RGB 三色光进行混合变化、色彩纯正度高，还可以形成具有动态变化的图像。正是这样的革新，支撑起了中国各大城市夜景照明近 20 年来的蓬勃发展，建筑媒体立面随处可见，“光影秀”“灯光节”年年举办，“夜游”“夜间文旅项目”成为城市经济发展的重要支撑。夜景照明不仅仅是“点亮”一座城市，而是提升城市夜间烟火气的重要手段，也是信息传达的平台和文化展示的舞台。

近些年，随着计算机技术、网络通信技术、图像处理技术等革新，数字孪生技术和增强现实技术的创新，为夜景照明开拓了无限可能。也使人们对夜间光环境的视觉感知、夜间出行活动模式乃至身心健康都产生了较大的改变。

如何更好地塑造一座城市的夜间风貌？已经不是单纯的夜间设施布置，而是在更为复杂的情况下进行量体裁衣与美学创造，满足广大人民群众日益增长的物质文化需求，将夜景价值逐步提升到可运营、可拓展的社会经济价值。

4.6.1　更新问题

近些年，各大城市夜景照明如火如荼，百姓的关注度也逐步提升。随着人民群众的美学认知度和美学鉴赏水平也逐步提高，夜景照明建设项目暴露出很多问题，主要表现在以下几方面：

1. 缺少统筹　亟须规划

夜景照明不仅仅是起到扮靓城市的作用，其主要功能是提升夜间空间感知度，增加夜间安全性，提升城市识别度。目前，大多数城市照明建设普遍分为业主自发建设与政府主导建设两种模式，导致呈现出夜间效果明暗不一、色彩混乱、动静不协调、重点不突出的情况（图 4-70）。就现状而言亟须规划统筹，区域协调。

2. 技术老旧　品质不足

在媒体立面、LED 投影灯等新技术泛滥的今天，仍有大量的建筑采用勾边灯表现建筑轮廓线或城市天际线，其照明手法粗糙、灯具品质低劣，不仅忽略了建筑自身的特征，也无法展现建筑品质，一旦毁损，效果极为难看（图 4-71）。

对于传统建（构）筑物，更是缺乏精雕细琢，大量的投光灯照得灯火通明，或者勾边灯、球泡灯勾勒屋顶，缺乏新意，无法重现古建筑物的风采（图 4-72）。

3. 效果雷同　埋没特色

目前，在各大城市夜景照明建设项目中媒体立面、裸眼 3D 等技术的运用较为广泛，在为城市夜间景色增光添彩的同时，也受到了很多老百姓的好评。

图 4-70 城市夜景现状鸟瞰图（上图）
（图片来源：由北京清美道合规划设计院有限公司，提供）

图 4-71 古城街道照明现状图（左下）
（图片来源：由北京清美道合规划设计院有限公司，提供）

图 4-72 传统建筑勾边照明现状图（右下）
（图片来源：由北京清美道合规划设计院有限公司，提供）

但城市之间却存在画面雷同，动画片源长久不更新等问题。这种缺少定制文化表达的夜景效果，难以维持长久的吸引力，城市特色被淹没，反而造成资源浪费。

4. 粗制滥造 艺术匮乏

夜景照明的兴起也造就了很多夜间活动，如“光影秀”“灯光节”等。其中最为出名的广州国际灯光节自 2012 年起至今已举办 10 余届，其灯光装置、互动设施、景观小品等每届都进行单独定制。但有些城市的灯光小品或者灯光设施存在粗制滥造的情况，缺少城市识别性，地域特征亟须进行艺术创造与升华。

4.6.2 更新原则

城市夜景照明的塑造不仅能满足夜间环境的基本活动诉求，更是城市形象展示中一道靓丽的风景线，是市民获得归属感与认同感的有效手段。另外，城市夜景也是城市夜间活力的载体，推动着城市的经济发展。

从设计者的角度出发，城市夜景照明应以道路桥梁、建（构）筑物、城市广场、公园绿地、户外广告等设施为载体，进行艺术创造和视觉效果综合提升，通过资源的统筹与现代化技术的应用，达到提升城市综合品位的最终效果。

夜景照明在城市照明更新中应采用以下原则：

1. 规划先行原则

任何城市建设都离不开合理的规划，夜间环境也不例外。因此，夜景照明应秉持规划先行的原则，合理统筹夜间景观资源，明确建设强度与建设重点，制定相关技术标准，避免过度建设，并造成生态环境破坏，从而推动城市夜间环境可持续发展。

2. 统筹兼顾原则

夜景照明建设具有一定的依附性，其是附着在建筑与景观载体之上的艺术再造。因此，夜景照明建设应统筹兼顾周边环境、建（构）筑物载体和绿化植被等现状，注意灯具隐藏，确保白天和夜间都能得到很好的视觉效果。

3. 特色挖掘原则

夜景照明最重要的环节还是展示城市特色，通过对城市发展定位、空间布局、城市风貌的分析，提炼地域文化特色与景观载体特征，搭建重点突出、明暗得当的夜景照明体系，在展现区域特色的同时避免资源浪费。

4. 艺术创造原则

夜景照明其实是“灯光”与“文化”的结合，将灯光设计与地域人文景观和自然景观进行艺术创造和文化意境营造。实现文化美、形态美、技术美的完美结合与统一，在视觉效果上提高城市品位与品牌形象，实现城市夜景照明更深层次的目标。

5. 科技创新原则

城市夜景照明规划设计需要通过多种媒介和技术手段相结合，构造出真实的审美感受和独特的空间视觉表达效果，新技术、新手段的应用都有助于夜间环境再造，可多方尝试。

6. 经济价值原则

从城市照明过往历史来看，国内外城市的夜景灯光的发展多源于传统节日、宗教祭祀、庆典活动的需求，可以在一定区域内产生经济效应。因此，夜景照明规划设计可与文化旅游项目融合，并配套服务设施，以便获得更大的经济效益。

综上所述，夜景照明应以视觉美学与科学技术为基础，以合理城市夜景照明规划、设计技术规范为依据，使艺术化的光环境成为城市形象特色，使文化风貌形成符号化、象征化表达。

4.6.3 更新案例

1. 深圳市深南大道美学提升

深圳市一直重视城市照明建设，其城市规划一直走在全国前列，于 2013 年就率先编制了《深圳市城市照明专项规划》，并在 2019 年进行了修编工作，在粤港澳大湾区及中国特色社会主义先行示范区的驱动背景下，进一步提升深圳城市照明管理、建设水平，为我国城市照明的可持续健康发展作出表率。深圳市各项城市照明建设均以此为依据。

深南大道借深圳市建设 40 年之际，进行了夜景照明提升工作。深南大道是深圳市一条东西向主干道，全长 25.6km，横跨罗湖区、福田区和南山区，直通东莞。深南大道也是深圳市景观主轴线，集中体现了深圳高速发展的城市风貌变化与特征。其夜间景观也成为反映深圳特区时代特征、精神面貌的重要一环，但却一直缺少统一设计，夜景效果杂乱。

在进行夜景照明提升方案之前，对项目涉及的照明建设强度、亮度、色温、节点氛围等依据《深圳市城市照明专项规划》进行统筹。与此同时，以前沿的国际视野，从城市美学中视觉一体化角度出发，塑造高品质、人性化的夜景系统与空间环境，建设国际知名的先锋都市夜景典范，展现深圳时尚、大气的国际化城市形象。从高、中、低三个层次，从建筑、景观、桥梁三个方面，整体展现城市主干道的空间形态之美（图 4-73）。

在建筑方面，通过款式各异的灯具进行照明结构特色打亮，还原建筑结构之美，提供丰富色彩；在桥梁方面，依据桥梁自身特色，图案投影为主线，照明方式一桥一特色（图 4-74）；在景观方面，遵循景观绿雕、树木的千姿百

图 4-73　深南大道实施后鸟瞰（上图）
（图片来源：由北京清美道合规划设计院有限公司，提供）

图 4-74　人行天桥实施后效果（下图）
（图片来源：由北京清美道合规划设计院有限公司，提供）

态的造型，通过简单的投光灯打亮，还原绿植白天带给人的形态美。

2. 南京市江宁区夜景风貌

江宁区地处南京市西南部，是南京市主城八区之一，自然资源丰富，其环山抱水、水城交融，素有“六山一水三平原”之称。同时坐拥南京南站、禄口机场等重要的城市门户，是南京市对外沟通的重要枢纽。

目前，江宁区的建设已经具备了“现代化、国际化、精品化、标志化”的中心城区气质。在夜间环境建设方面，也随着区域的建设与发展，形成了一些较为优质的夜景亮点。但放眼整个区域，已建成的夜景呈散点分布，核心节点在光色、亮度、手法上与一般公建、住宅并无明显差别，缺乏主次秩序；照明品质参差不齐，手法相对单一。标志性区域识别性较弱，城市轴线连续性差；公众活动较多的公园景观照明缺失，活力不足。

因此，依据“建设幸福活力的现代化中心城区、建设现代化的美丽宜居乡村、健全高标准均等化的综合配套设施、凝聚示范性引领性的生态文明成果”的总体目标，在江宁区夜景照明设计指引中提出“夜美江宁”的总体目标，建设“绿色低耗、智创活力”的夜间环境定位。

首先，构筑生态低碳智慧发展的高品质夜间环境。深入贯彻落实国家双碳工作意见，严守生态底线，以“生态打底”将区域内郊野公园定为暗夜保护区，禁止大面景观照明建设。在此基础上，适度拓展城市公园、开放片区中心、重点打造主城中心，明确建设强度，制定技术标准，从环境亮度、色彩氛围、动态效果、能耗控制等方面，确保城市照明提升工作有序推进。

其次，创建时尚魅力创新活跃的国际化南部中心。依据《江宁区“十四五”城乡建设规划》《南京市江宁区国土空间总体规划（2021—2035 年）》中对于江宁区夜景的打造要求及空间格局，结合详细的调研，凸显江宁核心气质，筛选“两轴、一带、十四区九路”为江宁区的夜景照明重点，对江宁区内特色的建筑风貌、文脉水系、互通路径提出凸显国际化、艺术性和品质感的照明要求。

最后，营造绿色休闲舒适宜居的艺术化活动场所。通过对公众夜间活动的分析，对区域内开放空间进行分类，分别为标志性的开放空间、综合公园及街心公园，依据三类活动场所的特征与人流情况，进行夜间活动的策划，并提出夜景营造的方式与手法，丰富夜间公众活动，提升区域影响力。

3. 苏州环古城河文化再现

作为历史文化名城的苏州，其建筑都各具特色与情调，承载着厚重的历史风韵，而苏州城墙博物馆就是其中最有特色的一座。苏州最古老的城墙可以追溯到春秋时期，伍子胥相土尝水，象天法地，大兴土木，筑吴大城于江南原野，周围四十七里，辟有水陆八座城门，从北顺时针旋转，那八座城门分别是：平门、齐门、娄门、匠门、蛇门、盘门、胥门、阊门。创造了“亚”字形的平面布局和每门辟水陆两座城门的独特结构，成为一道独特的风景线。后又在西汉时期，

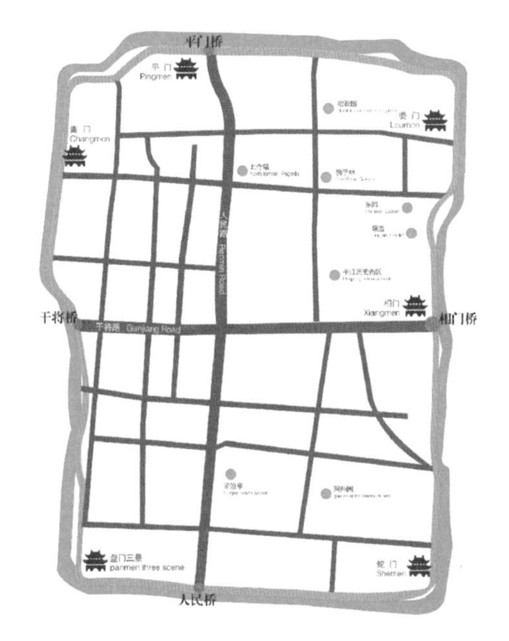

图 4-75　古城墙区位分布
（图片来源：由北京清美道合规划设计院有限公司，提供）

开辟葑门、栗门、鲂鱮门；唐代开辟了赤门，民国时期开辟了南门、金门。这些古老的城墙，见证了姑苏的悠悠历史，两千五百年时光轮转（图 4-75）。

随着苏州市城市建设，很多历史印记在现代化建设进程中被磨灭，人们很难追忆当年。因此，借助苏州古城整体更新契机，对该区域进行夜间环境提升工程。

苏州环古城河夜景照明项目重点打造载体比较完好的平门与娄门。其中，平门为苏州古城的正北门，类似于北京的德胜门或南京的中央门，原城门及城墙于 1958 年被拆除，2012 年重建。其夜景照明现状较差，为白色和暖黄色的投光照明，照明方式简单粗暴，缺少历史韵味和美学设计（图 4-76）。

该项目的夜景照明设计从现状问题出发，改变照明方式、活化传统文化、再现历史印记。在城墙采用国画中的“着笔落墨映像铺陈”的手法，结合小桥流水、园林漏窗、苏绣团扇、堆山叠石等文化元素，运用投影成像等现代化照明手法，再现苏州古城历史（图 4-77、图 4-78）。

4. 东莞市灯光秀视觉提升

东莞市是珠三角中心城市之一、粤港澳大湾区城市之一。东莞市是广府文化的发祥地之一，是粤曲的重要发源地之一，也是中国的粤剧之乡。但是夜景

图 4-76　苏州古城平门白天与夜间现状图
（图片来源：由北京清美道合规划设计院有限公司，提供）

照明建设品质较差，市民夜生活单一，缺少活力。借助城市环境品质提升，提出“东莞市中心城区灯光品质提升工程”项目。

因此，整体方案设计根据上位规划和载体现状，划定“一核、一轴、两带”为夜景照明重点，并对照明重点提出亮度等级、色温区间、灯光动态等指标要求。

其中，东莞大道作为城市迎宾轴线，其载体现状良好。有一定夜景基础的东莞大道鸿福路交会节点被设计为沿线最核心的景观节点，利用现有建筑载体进行区域媒体立面联动，特定节日和时间段进行灯光表演，以不同灯光内容主题，集中展现东莞国际智造名城新形象，建立具有“莞味”的城市夜间美学体系。

图 4-77　平门夜景照明设计图
（图片来源：由北京清美道合规划设计院有限公司，提供）

东莞市鸿福路口及东莞大道两侧商务建筑的灯光秀采用便于隐藏，以及与建筑高耦合性的 LED 点光源，将数百万颗点光源通过程序控制发光的明暗和色彩，以不同灯光内容主题，重塑了城市的夜间魅力，让人在商务区感到放松与愉悦的同时赏析现代的技术美。

最值得一提的是“东莞水秀”，其夜景以中心广场南广场的湖面为舞台，

图 4-78 娄门夜景照明设计图
（图片来源：由北京清美道合规划设计院有限公司，提供）

利用音乐、视频等多媒体形式，在湖岸设立现代化的造型投影机，通过定制主题、定制画面、定制片源，将代表东莞的多种文化元素、城市发展等各项故事的画面投影至喷泉水幕上（图 4-79）。例如建党 100 周年时，用黑白版画的形式将党史中重要节点大事以故事化的方式呈现。从而形成视觉画面，投影在水幕上，将共产党百年光辉历程分为几个不同的篇章主题进行展示演绎。

“东莞水秀”的建设不仅为城市建设增光添彩，更是将中心广场升级成为市民打卡、城市活动等重要场所。水幕画面会随着城市事件主题变化和更迭，既有新意又给予人们自由想象空间。水秀喷泉还增设了提供一维、二维、拱喷、流动跑泉、雾森、气爆等效果的互动装置，这为市民带来更为丰富的体验与感受，使每一位观赏者都可以从自己的“期待视野”中去感受水秀当中不同层次的意味。

5. 西安市嘉会坊夜游体验

嘉会坊是西安市的“最美特色商业街区”和“夜经济示范街区”，由高新区高新二路与光华路口东侧等地的连片旧厂区改造而成。嘉会坊以西安市咖啡主题创业街区为核心，东西南北各向延伸，包括“创意文化商业街”“时尚快

图 4-79　东莞水秀夜景实景图（上图）

图 4-80　西安市嘉会坊夜景效果（下图）
（图片来源：由陕西天和照明设备工程有限公司，提供）

闪 + 网红店商业街”“科技创新街”“科技主题商业街”等特色街区。作为西安市汇聚全球创客的咖啡主题创业街区，嘉会坊以更潮流、更先锋、更时尚、更活力的时代元素，成为西安市最潮的一张名片（图 4-80）。

嘉会坊的照明设计将科技与新潮叠加，采用多种先进照明手段，如互动感应地砖、3D 投影秀、星空天幕、激光天幕和发光植物等设施。在视觉效果上，以人工智能融合时尚氛围，给街区每一位参与者带来更具深度的新潮体验和极致的技术美学观感，打造了一个全天候开放，适合全龄人群的“文化 + 娱乐”生活方式体验地。

过去，作为西安市首个现代时尚创新创业样板街区，西安市嘉会坊咖啡主题创业街区是西安创新创业要素聚集的平台；如今，经过夜景升级后的嘉会坊更是生机勃勃、活力异彩。

第5章

城市美学的践行案例

5.1　陶溪川

关键词：艺术集市、以陶瓷文化为主体、工业遗产保护、体验创意园区、场景重塑

景德镇，一个与“陶瓷”有着千丝万缕联系的城市，有着 2000 多年的冶陶史。它从古到今都不是一个单一陶瓷手工业的城市，而是一个工匠之都。近年来，在政府主导的有机更新下，整个城市由原本几近没落的陶瓷厂蜕变成我国第一座以陶瓷产业引导城市发展的文化创意城市，“景德镇陶溪川陶瓷工业创意园”更是成为我国第一座陶瓷文化主题创意园区。其中的“陶然集”是游客欣然奔赴景德镇的一个关键理由。

陶然集——陶溪川的艺术集市，是一个 2022 年创立的背靠景德镇，以瓷为媒介出发，打造多元生活方式的试验型艺术集市品牌。其坐落于历史悠久的景德镇市陶机厂原址，与其周边建筑群落共同构成景德镇城市景观中独有的，集画廊、当代美术馆、艺术家驻场空间、酒店、餐饮、教育为一体的艺术集市生态圈。从第一届开始至今已汇聚 200 余个具有独特性格的手工艺品牌，螺钿珐琅、拓印竹编、手账灯笼、纸鸢剪纸、花道扇艺、植物扎染、刺绣编织、皮革木作、金缮锔瓷、陶艺茶具、玻璃器皿、咖啡茶饮、香氛雅器、民俗器乐、餐桌美学、家具陈设等数不胜数的生活细节。手艺人在集市中一方小小的帐篷里，书写着自己的美学理想与生活态度。不单只是市集，每期陶然集还会在中心区域的水面搭建舞台，邀请具有实验性和民族气质的音乐人演出，当声波一阵阵袭来，传统与现代在当下对撞，构筑视觉与听觉的完整图景（图 5-1）。

景德镇以陶瓷手工业支撑城市发展千年，有着深厚的文化历史积淀。陶溪川作为工业遗产成功转型、文创产业发展升级的样本，一期业态已经发展得相对完

图 5-1　陶然集现场摊主与游客相谈甚欢

善，且吸引了一大批国内外优秀的艺术家驻场创作，青年双创人群在此创业。而近些年，越来越多的年轻人怀着对陶瓷工艺的热情与敬意抑或是好奇，来到这座城市摆摊创业、扎根生活。带着对于城市特色与现状的思考——如何艺术地存在和坚实地生活，陶然集应运而生。不仅是陶瓷手工艺，越来越多的当代手艺人被景德镇的城市氛围吸引，怀揣绝技隐于市井，在这座四线小城践行着自己理想的生活，用现当代的视角挖掘传统美学，构筑了一个属于传统手艺人的世外桃源。

陶溪川的成功要点在于传统手工艺与当代艺术相碰撞，景德镇本土艺术语境与全国各地特色工艺相融合，将极致的东方审美传承并为之注入新的血液。通过对经典的传承和诠释，用好物连接起生活美学与人文情怀。在传统手工艺与当代审美的呼应中，发现手工艺文化的当代复兴与市场转化的潜能。

首先，存量的特色建筑、厂房、烟囱等保留了原本砖石材料语言的视觉风格，通过对建筑外立面和内部空间结构的重新调整布局，呈现出的全新空间，是建筑师将传统陶瓷文化用现代建筑风格和材料语言的重新演绎，与城市原本的面貌融为一体，和而不同（图 5-2）。

其次，存量的陶瓷产业被多元化的市场所延展。陶瓷美术馆、陶瓷展厅、陶瓷体验店、陶瓷文化创意市集、陶溪川小剧院等多种吸引创业者和游客的新兴业态涌进园区（图 5-3）。陶溪川携手国内外顶尖艺术平台，打造文化艺术新高地，为喜爱陶瓷艺术的年轻人营造了一个造梦空间，吸引了周边及全国的游客慕名而来、打卡消费，将沉寂的陶瓷产业与多元的年轻受众相关联。

再次，存量的陶瓷文化与人文被保留。园区并没有驱赶当地居民进行商业开发，而是按照规划保留了部分居民的住宅稍加改造，还有一些则是自愿迁出居住但仍在园区工作。这里世世代代的百姓从事着陶瓷相关的工作，园区的市

图 5-2　陶溪川改造后建筑
（图片来源：由都市更新（北京）控股集团有限公司，提供）

图 5-3 陶溪川新增业态（上图）
（图片来源：由都市更新（北京）控股集团有限公司，提供）

图 5-4 陶溪川改造后园区面貌（下图）
（图片来源：由都市更新（北京）控股集团有限公司，提供）

集摊位、店铺也有一大部分是由当地居民经营的。游客来到园区，体验到的依然是原汁原味的景德镇街区的文化和情怀（图 5-4）。

景德镇是一个存量时代背景下转型文化引领城市更新的典型案例，其对自身存量资源的转化成功经验值得类似有工业遗存的城市效仿。视觉美学的全要素把控保证了整体风格和园区氛围的统一性，明确的园区特色、清晰的产业定位、多元的业态布局、定期的活动策划、完整的运营体系、深度的游览体验等都是陶溪川线上出圈带动线下引流不可或缺的因素。对比之下，原本的景德镇也是类似的建筑风格，却无法吸引大量游客拍照打卡，是因其美学传播的基础元素不够完备。当建筑、街道、设施等经过统一的设计和布局后，原本被归为存量的城市空间迸发出无尽的能量和活力。

5.2 首钢园

关键词：传统工业绿色转型、高端产业创新高地、后工业文化体育创意基地

首钢，曾是北京钢铁产业的代名词，也是国内保存最完整、面积最大的钢铁工业生产厂区。如今的新首钢，更是北京城市总体规划中重要的区域功能节点（图 5-5）。北京首钢园区从百年历史的老旧钢厂到璀璨多元的冬奥竞赛场馆，并成为冬奥历史上第一座体育赛事与工业遗址直接结合的赛事举办场地，其完善新颖的更新范式为全国范围内的老旧工业园区的全方位改造提供了很好的参考，同时也让世界见证了城市规划与美学更新碰撞出的中国智慧（图 5-6）。

1. 功能业态升级

城市更新要坚决杜绝简单粗暴的面子工程，功能性更新才是正解。通过紧抓冬奥会契机，瞄准科技与体育的融合、文化创意、时尚科幻潮流等产业，首钢园秉持“文化复兴 + 产业复兴 + 生态复兴”的原则，将原本单一的生产类园区功能升级为以工业遗存和绿化空间为主体的综合创新科技园区。围绕“体育 +”的理念，数字智能、科技创新服务、高端商务金融和文化创意产业同步推进、相互融合，从而实现区域的可持续发展。

“文化复兴”是指首钢延续老工业质感的文化脉络，塑造“山—水—工业”的特色景观体系。园区被有机划分为核心区和传承区，采用对核心区“保护式修补”、对传承区“成长式修补”的分区治理策略。“生态复兴”是指伴随着

图 5-5　首钢园入口公共艺术雕塑与内部景观（上图）

图 5-6　首钢园内部工业遗址改造效果（下图）

产业的升级，首钢园自身的工业景观主题休闲带，加之永定河生态带，共同营造疏密有致的生态格局。

“产业复兴”是首钢更新成功的关键。3 号高炉、冬奥广场等为新增产业的空间奠定了基础，香格里拉酒店集团、中国银行、中国联通、美团、小米、IHG 等优质品牌和企业的相继入驻，尤其是 AI 智能和智慧园区相关的示范项目为园区创建一流的宜居宜业环境，激发创新活力奠定了坚实基础（图 5-7、图 5-8）。

2. 赛事活动策划

依托冬奥会的发展机遇，园区围绕冰雪体育、冬训场馆、极限运动等对原有布局结构进行优化。北京 2022 年冬奥会和冬残奥会组织委员会（以下简称冬奥组委会）办公楼也布局在园区，办公楼正对着一组花样滑冰运动员托举奥运五环的雕塑，在波光粼粼的湖面映射下，象征着冬奥精神的历久弥坚（图 5-9）。最引人瞩目的大跳台远看形如飘带，设计灵感来源于我国敦煌壁画中的“飞天”元素，因此得名“雪飞天”。大跳台流畅的结构线条、深厚的文化寓意是工业园区的厚重底蕴与新式冰雪运动的完美结合，向世界展示了独属于中国的文化浪漫（图 5-10）。

除了国家级别的赛事承办，首钢园在节假日，也经常策划主题性的电竞、科幻、音乐节、数字智能、科技展览等活动。“真香美食市集”“夏季音乐派对”“2023 年中国科幻大会”等活动都吸引了大量人流（图 5-11），通过赛事活动的号召带动园区的更新，进而使整个首钢园区域更新复兴处于一个动态的、可持续的活跃状态，如此不断有新血液注入的园区才能永葆生机，实现逆风翻盘。

图 5-7　小米智慧产业品牌雕塑（左图）

图 5-8　六工汇品牌形象雕塑（右图）

图 5-9　冬奥组委会与冰雪主题艺术雕塑（上二图）

图 5-10　首钢园滑雪大跳台（下图）

图 5-11 首钢园内部音乐节活动现场

3. 各类设施完善

群明湖、石景山、冷却塔、高炉、焦炉等自然景观和工业遗存景观令人目不暇接，冬奥痕迹、科技元素及现代化设施遍布首钢园中。在生态整合和建筑重构的基础上，彰显园区品质的各类配套设施一应俱全。通过全面考虑园区人群的使用场景和多元需求。在园区里，你可以看到色彩鲜艳且充满互动趣味的宠物设施区、安全益智且便于亲子陪伴的儿童设施区、简约现代且科技感十足的公共服务类设施等（图 5-12）。

除此之外，在不同的重点区域或节点，恰当的公共艺术品设施也填补了场域的艺术空白。布老虎文化源于民间虎图腾崇拜，有平安镇宅的寓意，艺术家将其用现代机械美学的元素重新演绎，表达了新时代的我们对传统文化精神内核的坚守和传承（图 5-13）。

首钢园还牵头成立了全国首个科幻产业联合体，并在首钢园举办了最新一届的中国科幻大会，园区 1 号高炉南广场将变身“平行世界入口”，以人屏互动情景光影秀开场，表达对未来科幻的畅想，激发对元宇宙的无限想象力，为

图 5-12　首钢园内部公共艺术品

图 5-13　首钢园内部完善的设施

游客展现一个沉浸式的全维度体验空间，也因此“科幻”即将成为未来首钢的一张响亮而鲜明的名片。首钢园也势必成为北京产城融合的工业美学空间更新范式。

5.3 沙坡尾

关键词：老渔港、厦门首个青年文创园区、创意更新、多元文化交融共生

沙坡尾是厦门港的发祥地，孕育着深厚的历史文化，已通过“依山傍海·新旧共存”的改造成为城市美学更新的样板，给游客带来了悠闲古朴而又新潮有趣的崭新老城体验。避风坞曾是厦门渔船的避风港，也是渔民休息的聚集地，在演武大桥修建后，坞口被阻挡，只有小渔船能进入，因此繁华不再。政府将小渔船清理后，坞口两边引进了网红餐厅、艺术商铺等新型业态，逐渐吸引了大批年轻人的关注和打卡，人们可以沿着木栈道行走在避风坞感受崭新老城带来的体验（图 5-14）。沙坡尾的改造之所以成果斐然，主要可归结为两个关键点：

第一个关键点，更新定位与文化背景相契合。更新以保护历史、传承文化和留住乡愁为设计的根本立足点，将厦门精神和沙坡尾专属的海洋渔港文化进

图 5-14 厦门沙坡尾街道隔水相望

图 5-15　厦门沙坡尾街道面貌更新成果——海洋主题的艺术与文化

行融合和传播（图 5-15），开发出以点带面、以文化创意带动整个片区发展的新模式。此外，更新还积极拓展两岸元素、对台湾和厦门的本地文化融合进行了艺术化再现。

第二个关键点，更新手法与时代背景相同步。沙坡尾的空间更新结合元宇宙、AR、VR 等前沿科技手段，用年轻人喜闻乐见的方式创新表达展播形式和手法，例如每月一次的各种主题集市：创意市场、美食集市、酒鬼集市和设计工艺品集市等，并结合市场需求完善了文化设施配套，在推动景区化、景观化的同时，实现项目游客和市民的可进入、可参与、可受益。

值得一提的是，沿街商铺的广告招牌与建筑立面有机地结合着当地的地理优势、民俗文化和当下流行的各种元素，从而进行了喷绘涂鸦、插画形式或空间立体形式等多元的艺术手法呈现，有主题、有目标地根据每个店面内容进行针对性有效提升（图 5-16），增强了人们的步行体验，提升了整条街区的街貌美学，这里实现了经典文化的传承和潮流文化碰撞的“有机共存”，营造出一种新的社区活力与城市张力，使得沙坡尾片区以全新的身份在时代的潮流里生机勃勃，四面八方的游客在这里则可以体验丰富多彩的城市更新成果，感受厦门市这座城市勇于调整自我，适应时代的拼搏精神。

图 5-16 厦门沙坡尾街道面貌更新成果——店铺招牌、建筑立面

5.4 小西湖

关键词：以人为本、延续“烟火气”、业态置换、多样生长

南京市小西湖街区改造提升项目获得了包括 2022 年联合国教科文组织亚太地区文化遗产保护奖在内的一系列重要奖项，片区的入口有一面墙陈列着专属于它的荣誉（图 5-17）。小西湖街区是对南京市的老城区风貌的典型呈现，保留了传统的老城空间格局和肌理，淳朴的居民见证着南京市的新城区日益焕新。但是由于诸多历史沿袭问题，这里存在着居住、消防等诸多安全隐患，其改造难度大、周期长、矛盾多，一直迟迟未得到有效地改善提升。

历史街区改造应注重改造片区的整体规划，城市更新中要把握老城保护与发展的关系，要积极探索老城复兴路径，平衡好城市更新与文化保护传承的关系。在政府的主导下，小西湖街区坚持老城保护与城市更新有机结合，采用“小尺度、渐进式”的更新方式，延续“生活态”，融入新业态，恰如其分地将历史街区与现代生活融合在一起，在社会和技术创新方面，提供了可推广、可复制的经验。

1. 共商——设计师下沉社区

2019 年 5 月，南京市启动了社区设计师计划，负责此次提升的东南大学建筑学院的设计团队扎根街巷，挨家挨户与社区的居民沟通改造方案和实施细

图 5-17　小西湖街区入口处勋章墙

节，从居民的需求中解锁了一个个真实有效的“更新密码”。设计师们将此次“不搞大拆大建，聚焦存量更新”的理念用具体的图纸呈现给居民，耐心地解答居民的每一个顾虑与疑问，这份情感信任是后期方案得以顺利实施，居民提供全程配合的重要保障。

2. 共享——模糊公共的边界

行走于小西湖街区，印象最为深刻的是各种不规则的边角公共空间都被很好地利用起来，公共空间和私人空间的分割红线被打破和模糊化。有的空地被规划为绿地草坪，有的则放置了公共座椅供游客休憩，还有的增添趣味装置，例如网红“月亮秋千”“I❤小西湖”艺术打卡点、供游客拍照留念（图 5-18），为网络的二次传播预留了大量接口。这种“量体裁衣”式的改造手法使得小西湖街区“有看点、有温度、有情怀、有品质”。

在设计团队对堆草巷 33 号刘大爷家后院进行了围墙改造、地铺翻新等举措后，刘大爷选择对游客开放自家后院，镂空花窗和半通透的围墙改造让这个原本被高墙围起的私人后院变成繁花锦簇的共享花园，真正意义上实现了“共享庭院”（图 5-19）。

刘大爷的后院坐落于接连几家商铺的后面，两扇印有“花开黄月季，琴奏紫云间”的古朴木门常年敞开迎客，后院面积不大，但被打理得井井有条。

图 5-18　小西湖片区提升后街景

树上的鸟笼，池塘里的荷叶和鱼，屋檐架子上的葫芦藤蔓和一盆盆高低错落的植物编织了一幅生机蓬勃的夏日画卷。其中一个石墩内部嵌有各种瓷片，刘大爷介绍说这是早年间老一辈人们留下的，这些见证了历史变迁的老物件现在以新的形式持续记录着当下城市居民世俗生活的点滴（图 5-20、图 5-21）。

图 5-19　“共享庭院”内部景观（上图）

图 5-20　嵌有文物瓷片的石墩（下左图）

图 5-21　采访刘先生记录（下右图）

在充分尊重居民去留意向的基础上，部分居民搬走后腾出的空间，政府引进了茶馆、民宿、餐饮、虫文馆、工作室等新业态，新与旧在这里融合共生。留下的居民对于改造成果也都给予了高度赞扬，纷纷表示政府的城市更新行动美化了街区的整体环境，同时本地市民、外地游客慕名而至的越来越多。城市更新美学在小西湖片区呈现出的是“和谐”“有机”和“共享”，是人与城的双向奔赴。

结语

城市美学的关注与城市更新行动的推进是最近几年来国内城市发展的趋势，城市界面的小变化、小提升，给市民带来的是大温暖、大关怀，是党和国家一直秉持的“为人民服务”理念的贯彻与传承。

美学是城市的灵魂，用艺术精神营造城市美学的格调，创造美好而健康的生活方式，是未来城市发展的价值取向。城市的品味与品质，不仅要考虑到经济和生态的综合发展，更要考虑到人文与美学的和谐提升。

本书通过多层次、多维度、多案例的编写方式，兼顾政策的分析与实例的解读，希望为诸多城市提供有价值的参考借鉴与提升灵感，让城市美学更新不再是空口号，让城市美学成为真正服务于人民的生活和城市的发展。

参考文献

[1] 朱立元，栗永清．略论鲍姆嘉登的美学思想 [J]. 四川师范大学学报（社会科学版），2011，38（4）：53-63.

[2] 城市更新——存量时代“新常态”？[J]. 城市开发，2020（14）：82-83.

[3] 赵曦岚．基于节事活动的城市形象营销 [D]. 兰州：兰州商学院，[①]2009.

[4] 林宇晨，罗涛，张雪葳．传统更新与近现代转型：中国城市规划思想演变的美学探索与启示 [J]. 北京林业大学学报（社会科学版），2021，20（3）：24-31.

[5] 张杰．存量时代的城市更新与织补 [J]. 建筑学报，2019（7）：1-5.

[6] 周岚．城市空间美学 [M]. 南京：东南大学出版社，2001：1.

[7] 傅军．从“百分比艺术”到“公共艺术计划指南”[J]. 上海艺术家，2014（6）：38-42.

[8] 陶宇欣．人城·对话——城市美学视域下的艺术都市景观建构 [J]. 美与时代（城市版），2021（4）：68-69.

[9] 王建国．城市双修、愈创活城——中国城市转型发展及建筑师的专业作用 [J]. 建筑学报，2022（8）：1-5.

[10] 冯丙奇．城市媒体事件与城市形象传播——媒体关系视野下的节事活动分析 [J]. 现代传播（中国传媒大学学报），2012，34（7）：18-21.

[11] 王辉．城市设计的美学与科学 [J]. 世界建筑，2022（11）：16-17.

[12] 吴文瀚，张冬昊．城市品牌形象传播应注重文化意象建构 [N]. 社会科学报，2022-12-01（6）.

[13] 阎炎．存量时代，为城市更新塑造新动能 [N]. 中国自然资源报，2023-07-06（3）.

[14] 何一民，崔峰．发现·研究·创造：中国城市美学思考 [J]. 中华文化论坛，2022（1）：112-126+159.

[15] 张莉．振兴地方经济的二次元萌物——从熊本熊看日本地方吉祥物 [J]. 文教资料，2019（31）：90-92.

① 现为兰州财经大学。

[16] 周志 . 一位城市美学实践者的“系统”：鲍诗度教授访谈 [J]. 装饰，2019（2）：48-53.

[17] 王美诗 . 物象、人气、品格：非物质文化遗产参与城市美学构建的三重路径 [J]. 江苏地方志，2023（3）：78-80.

[18] 刘杨祎伊 . 网络时代城市形象传播路径浅析 [J]. 媒体融合新观察，2022（6）：50-52.

[19] 张宇熠 . 全媒体时代党报与城市形象传播策略研究——以新华日报社常州分社为例 [J]. 城市党报研究，2022（11）：8-12.

[20] 道格拉斯 · 凯尔博，钱睿，王茵 . 论三种城市主义形态：新城市主义、日常都市主义与后都市主义 [J]. 建筑学报，2014（1）：74-81.

[21] 马越颖，李丹 . 基于传统艺术角度的城市美学形象塑造与文化建设策略思考 [J]. 戏剧之家，2020（5）：193-194.

[22] 徐千里 . 存量时代对话城市 [J]. 城市建筑空间，2022，29（8）：47-50.